农民教育培训系列教材

生态宜居乡村建设与农村人居环境整治

◎ 赵晓丽　韦艳梅　唐　勇　主编

中国农业科学技术出版社

图书在版编目（CIP）数据

生态宜居乡村建设与农村人居环境整治／赵晓丽，韦艳梅，唐勇主编．—北京：中国农业科学技术出版社，2020.2（2024.12重印）
ISBN 978-7-5116-4614-9

Ⅰ.①生… Ⅱ.①赵…②韦…③唐… Ⅲ.①农村生态环境-生态环境建设-研究-中国②农村-居住环境-环境综合整治-研究-中国 Ⅳ.①F323.22②X21

中国版本图书馆CIP数据核字（2020）第024618号

责任编辑　白姗姗
责任校对　李向荣

出 版 者	中国农业科学技术出版社
	北京市中关村南大街12号　邮编：100081
电　　话	（010）82106638（编辑室）　（010）82109702（发行部）
	（010）82109709（读者服务部）
传　　真	（010）82106650
网　　址	http://www.castp.cn
经 销 者	各地新华书店
印 刷 者	北京虎彩文化传播有限公司
开　　本	850mm×1168mm　1/32
印　　张	6.375
字　　数	178千字
版　　次	2020年2月第1版　2024年12月第2次印刷
定　　价	35.00元

◆━━ 版权所有·翻印必究 ━━◆

《生态宜居乡村建设与农村人居环境整治》编委会

主　编：赵晓丽　韦艳梅　唐　勇

副主编：李福军　刘　志　韦　锋　李贵明
　　　　何高雪　韦松朝　赵洪英　张恒儒

编　委：李显明　李亚平　刘　新　白树森

前　言

近年来，我国农村经济日益繁荣，农民生活水平不断提高。然而，农村人居环境状况却不容乐观，特别是农村生活污水、生活垃圾、厕所粪污造成的水体、大气、土壤等污染，对农村生态环境造成了严重破坏，给人们的健康带来了现实威胁。对此，党和政府高度重视，把建设生态宜居乡村、改善农村人居环境作为实施乡村振兴战略的重要抓手和主攻方向。

本书结合农村人居环境现状，紧紧围绕环境治理展开介绍。主要包括生态宜居乡村建设、农村生活垃圾整治、农村生活污水整治、农村畜禽粪污治理、村容村貌规划等内容。本书具有科学性、实用性和可操作性，希望能够为全面提升农村人居环境质量，满足广大农村居民日益增长的美好生活需要提供决策参考。

由于时间仓促，水平有限，书中难免存在不足之处，欢迎广大读者批评指正。

编　者
2019 年 11 月

目 录

第一章 生态宜居乡村建设 …………………………（1）
- 第一节 生态宜居乡村建设的提出 ……………………（1）
- 第二节 生态宜居乡村建设的模式 ……………………（5）
- 第三节 生态宜居乡村建设面临的问题及对策 …………（7）

第二章 农村生活垃圾整治 …………………………（12）
- 第一节 农村生活垃圾及其危害 ………………………（12）
- 第二节 农村生活垃圾的处理方式 ……………………（17）
- 第三节 农村生活垃圾的治理模式 ……………………（23）
- 第四节 农村生活垃圾分类现状及对策 …………………（27）
- 第五节 农村生活垃圾处理案例 ………………………（33）

第三章 农村生活污水整治 …………………………（50）
- 第一节 农村生活污水及其危害 ………………………（50）
- 第二节 农村生活污水处理技术 ………………………（54）
- 第三节 农村生活污水治理模式 ………………………（57）
- 第四节 农村生活污水治理现状及对策 …………………（67）
- 第五节 农村生活污水治理案例 ………………………（74）

第四章 农村畜禽粪污治理 …………………………（88）
- 第一节 畜禽粪便肥料化利用技术及农业循环模式 ……（88）
- 第二节 畜禽粪便饲料化利用技术及农业循环模式 ……（103）
- 第三节 畜禽养殖生物发酵床养殖技术 …………………（113）
- 第四节 畜禽粪污治理案例 ……………………………（136）

第五章 村容村貌规划 ………………………………（145）
- 第一节 乡村道路规划 …………………………………（145）

第二节　乡村住宅规划 …………………………………… (148)
第三节　乡村景观设计 …………………………………… (152)
第四节　农村厕所革命 …………………………………… (154)
附　录 ……………………………………………………… (175)
　　附录1　《农业农村污染治理攻坚战行动计划》 ……… (175)
　　附录2　《农村人居环境整治三年行动方案》 ………… (187)
主要参考文献 …………………………………………… (196)

第一章 生态宜居乡村建设

第一节 生态宜居乡村建设的提出

一、生态宜居乡村建设的提出背景

党的十九大报告首次提出"实施乡村振兴战略",并将其列为决胜全面建成小康社会必须坚定实施的七大战略之一。乡村振兴战略已成为国家重要战略,党的十九大、中央经济工作会议、中央农村工作会议、2018年中央一号文件先后提出了乡村振兴战略,在中国历史上具有非常重要的战略意义和现实意义。

乡村振兴描绘出一幅"产业兴旺、生态宜居、乡风文明、治理有效、生活富裕"的美好蓝图,与党的十六届五中全会提出的"社会主义新农村建设"是一脉相承的,是对社会主义新农村建设的进一步升华,是新形势下全面建成小康社会的新要求和新愿景。

实施乡村振兴,生态宜居是关键。党的十九大报告指出,中国社会的主要矛盾已经转化为人民日益增长的美好生活需要和不平衡不充分的发展之间的矛盾。这种不平衡不充分最突出的体现在农村,特别是在农村人居生态环境上,需要通过加强农村人居环境整治来补足乡村振兴的短板。

当前,农村人居环境脏乱差问题仍比较突出,垃圾围村、垃圾成山、农村水污染和黑臭水体频现,各类废弃物"上山下乡"等问题凸显,与人民对美好生活的愿望和全面建成小康社会仍有较大差距,农村环境污染问题仍然是制约乡村振兴的重要瓶颈。随着农村经济社会快速发展和农民生活水平的提高,农村产生的生活垃圾及各种废弃物也日趋增多。有研究表明,农村每天生活垃圾人均产生量约 0.8 千克，以 2015 年年底全国农村常住人口 6 亿人计算，农村每年会"贡献"1.75 亿吨生活垃圾。更严重的是，由于农村缺乏专门的人员、经费进行垃圾管理，农村生活垃圾处理工作几乎一片空白。从全国 58.8 万个行政村来看，对生活垃圾进行处理的仅有 21.8 万个。大量的厨余垃圾、废弃包装物、废玻璃瓶、废弃农药化肥包装物、废旧衣服鞋帽以及人畜粪便，堆存在田间地头，或随意丢弃到"沟渠""大坑"甚至"河道"之中，占用了大量农田，严重污染了农村土壤和地下水。农村环境问题陷入了"垃圾靠风刮、污水靠蒸发"的尴尬境地，垃圾围村、农村水污染现象越发严重。为此，在国家大力实施乡村振兴战略的过程中，农村突出的环境问题已成为社会极为关切的热点、焦点和难点问题。

二、生态宜居乡村建设的政策支持

改革开放 40 多年来，国内在城乡环境治理方面做了大量的工作。1978 年，国家发布了第一个环境保护标准《工业"三废"排放试行标准》（GBJ 4—1973）；1983 年，第二次全国环保会议提出保护环境是中国必须坚持的一项基本国策；2005 年，党的十六届五中全会提出了社会主义新农村建设，明确了"村容整洁"的具体要求，对加强农村环境治理、改善农村村容村貌、创造良好的农村生活和生态环境具有重要作用；2007 年，国家环保总局发布《关于加强农村环境保护工作的意见》（环发〔2007〕77 号）；2008 年，全国农村环境保护工作会议强调统筹城乡环境保护；2009 年，国务院办公厅转发《实行"以奖促治"加快解决突出的农村环境问题实施方案》（国办发〔2009〕11 号）；2010 年，十一届全国人大三次会议政府工作报告进一步明确，统筹推进城镇化和新农村建设，解决 6 000 万农村人口的安全饮水问题，实施农村清洁工程，改善农村生产生活条件；2018 年 2 月 5 日，中共中央办公厅、国务院办公厅印发了《农村人居环境整治三年行动方案》，提出了未来3年农村人居环境整治的总体要求、重点任务、政策支持及保障措施；2018年4月26日，全国改善农村人居环境工作会议在浙江安吉召开，习近平总书记做出重要指示："要结合实施农村人居环境整治三年行动计划和乡村振兴战略，进一步推广浙江好的经验做法，建设好生态宜居的美丽乡村"；2018年6月16日，《中共中央 国务院关于全面加强生态环境保护 坚决打好污染防治攻坚战的意见》提出，以建设美丽宜居村庄为导向，持续开展农村人居环境整治行动，实现全国行政村环境整治全覆盖；2018年9月26日，中共中央、国务院印发《乡村振兴战略规划（2018—2022年）》明确提出"以建设美丽宜居村庄为导向，以农村垃圾、污水治理和村容村貌提升为主攻方向，开展农村人居环境整治行动，全面提升农村人居环境质量"；2018年11月6日，生态环境部、农业农村部联合印发《关于印发农业农村污染治理攻坚战行动计划的通知》（环土壤〔2018〕143号）明确提出，"加快推进农村生活垃圾污水治理""治理农村生活垃圾和污水，实现村庄环境干净整洁有序"。至此，农村人居环境治理问题上升为我国全面建设社会主义现代化国家进程中党和政府必须解决的重大现实问题。

三、生态宜居乡村建设的重要性

1. 生态宜居能够促进乡村振兴战略的实施

2018年中央一号文件指出，"乡村振兴，生态宜居是关键。"良好生态环境是农村的最大优势和宝贵财富。改善农村人居环境，建设美丽宜居乡村，是实施乡村振兴战略的一项重要任务，既关乎农民的钱袋子，又决定着农村社会的发展。注重建设与经营美丽乡村，着力培育农村新型业态，激发农村内生动力，促进乡村振兴。

2. 生态宜居是乡村生态保护的现实需要

《全国农村环境综合整治"十三五"规划》中的数据显示，我国农村环保基础设施严重不足，仍有40%建制村没有垃圾收集处理设施，78%建制村未建设污水处理设施，40%建制村畜禽养殖废弃物未得到资源化利用或无害化处理。农村环境"脏乱差"问题依然突出，38%的农村饮用水水源地未划定保护区或保护范围，49%的农村未规范设置警示标志，甚至一些地方农村饮用水水源存在安全隐患。农村每年产生超过90亿吨生活污水和2.8亿吨生活垃圾，大量污水没有经过有效处理随意排放，造成严重的环境污染。

《农村人居环境整治三年行动方案》提出，到2020年实现农村人居环境明显改善，村庄环境基本干净、整洁有序，村民环境与健康意识普遍增强。具体来说，东部地区基本实现农村生活垃圾处置体系全覆盖，基本完成农村户用厕所无害化改造，厕所粪污基本得到处理或资源化利用，农村生活污水治理率明显提高；中西部地区力争实现90%村庄的生活垃圾得到治理，卫生厕所普及率达到85%，生活污水乱排乱放得到管控；地处偏远、经济欠发达地区，在优先保障农民基本生活基础上，实现人居环境干净整洁的基本要求。

建设生态宜居的美丽乡村，有利于推进农村生活垃圾、污水、厕所粪污的治理，有利于解决农村环境污染问题，是农村生态保护的现实需要。

3. 生态宜居是城乡融合发展的内在要求

中央城镇化工作会议提出，"推进城镇化是解决'三农'问题的重要途径，是推动区域协调发展的有力支撑""城镇建设要体现尊重自然、顺应自然、天人合一的理念，依托现有山水脉络等独特风光，让城市融入大自然，让居民望得见山、看得见水、记得住乡愁。"实践证明，城市和乡村是联动的共同体，城镇化离不开农业农村的现代化，农村现代化也离不开城镇化的持续推进，建设生态宜居的美丽乡村是实现城乡融合发展的内在要求。

第二节　生态宜居乡村建设的模式

一、非农产业带动型

非农产业带动型生态宜居乡村建设模式要求乡村与大型非农企业相邻。村集体与企业开展合作，村企共建，为本村村民的住房建设、生活类基础设施建设、生态绿化建设等提供初始资金以及后续运维资金。

非农产业带动型的建设资金主要来源于非农产业的发展，企业的所有者一般也是村集体成员，村集体成员一般也都是企业员工。企业出资为村庄发展进行宏观规划，利用村集体土地建设员工宿舍、生活服务设施等。大型非农企业与村集体互惠互利、合作共赢。

整体而言，非农产业带动型生态宜居乡村建设模式，村集体成员收入水平较高。大部分收入来源于企业务工收入，而务农收入占比较低，甚至为零。大型非农企业还可以吸引村庄外来人口形成集聚，逐步发展成为规模较大的人口集聚地。但非农产业带动型生态宜居乡村建设模式具有明显的"去农化"趋势。

二、农产品加工业带动型

农产品加工业带动型生态宜居乡村建设模式一般侧重于发展第一、第二产业，通过农产品加工业带动村民增收致富，摆脱乡村贫困落后面貌，打造生态宜居乡村。农产品加工业的发展促进了智能化基础设施建设，使农民从传统耕种中获得了更多的收入，同时也推进了村内绿化等相关配套设施的建设，既改善了村民的居住环境，又使农民通过闲暇务工获得工资性收入，从而改善农民生活条件。整体而言，农产品加工业带动型生态宜居乡村建设模式，既可以充分利用当地丰富的农产品原料资源，又可以通过加工业提升农产品的附加值，打造乡村农业品牌。

三、农业旅游业融合带动型

农业旅游业融合带动型生态宜居乡村建设模式在经济发达地区较为普遍。依托大城市的客流量，打造农业旅游业融合发展的新业态，使乡村成为城市居民休闲、观光、度假的"后花园"，既能提升乡村的整洁程度、环境优美度，吸引更多的游客，又能壮大村集体经济收入，吸引工商资本进入乡村助推其发展。

四、一二三产业融合带动型

一二三产业融合带动型生态宜居乡村建设模式要求乡村发展动力强劲。一二三产业融合发展能够充分发挥产业优势，改变乡村没有产业或者产业布局单一的现状，使农民收入有较大幅度提升。此类模式是乡村振兴战略总要求中产业兴旺能够有力推动乡村发展的具体实践，带动乡村生态环境改善的效果较为明显。一二三产业发展较好的乡村，生态宜居的建设标准更高，村民宜居水平位居本省前列，有力证明了一二三产业融合带动型生态宜居乡村建设模式不仅能够提高乡村生态环境的建设和保护力度，更能够提升农民的生活幸福感和宜居水平。

五、种植结构优化带动型

种植结构优化带动型生态宜居乡村建设模式多应用于经济发展较快的江浙地区。因为江浙地区的耕地资源有限，所以多地整合有效的土地资源，优化传统的种植结构，大力发展特色果蔬种植，逐渐形成了"无粮"村。依托大棚、采摘园等果蔬种植，带动农民就业，逐步完善乡村基础设施，美化生态环境，吸引城市居民在闲暇时来体验农村生活，带动乡村发展。随着近年来休闲农业和乡村特色旅游度假的兴起，乡村道路网络建设工程进度加快，交通运输、物流更加便捷，吸引了物流企业集聚，推动特色农产品销往大中城市。

第三节　生态宜居乡村建设面临的问题及对策

一、生态宜居乡村建设面临的问题

1. 垃圾、污水专业化处理程度低，难以市场化运营

脏乱差、如厕难是很多人对于农村最直接的感受。农村人少、地广，导致垃圾和污水处理难度大。最大的困难在于垃圾和污水"量少"，收运集中成本高、市场化投入大。笔者调研中发现，江西、浙江、福建等地农村垃圾分类探索了一些新做法，如在村里建设让村民可以兑换牙膏、洗衣粉、肥皂等日用品的"垃圾兑换银行"，培育村民垃圾分类和环境保护意识；通过建设农村小型湿地来解决农村污水量少、难以集中处理的难题。但是"垃圾兑换银行"、农村小型湿地都面临着政府一次性投入大、运营成本高、市场可持续性堪忧等问题。

2. 乡村基础设施建设资金供给不足，缺少后期管护机制

基础设施建设是建设生态宜居乡村的必要条件，也是保障农民生产、生活的重要支撑。虽然有一些村集体经济发展较好，福利待遇、养老医疗等配套设施较为完备，但大部分乡村的基础设施建设仍比较落后。村与村之间的基础设施建设差距主要缘于村集体经济实力的差距。村集体经济发展较好的，村民的富裕程度也普遍高于发展较为落后的村集体，乡村之间基础设施建设标准、后期维护管理等方面的差距也较大。因此，为推进行政村基础设施建设与维护，需要发展和壮大村集体经济，这样才能保障村内基础设施建设资金供给充足，后期运维修护及时高效。随着美丽乡村建设进程的加快，农村基础设施长效管理问题越来越突出。不少乡村基础设施建成后得不到有效管护，损毁严重，基础设施沦为形象工程、面子工程，缺少后期管护机制。同时，管护成本也是基础设施建成后却难以运行维护的主要原因之一。特别是对于我国农村劳动力大量输

出后形成的"空心村"，村庄人口稀疏，部分山区村庄居住分散，标准化基础设施的建设和后期维护成本更高，村集体更加难以支付。

3. 农民参与环境保护意识不强，购买生态修复服务缺乏监管

农村公共基础设施的建设和运行管理一直被认为是政府或村集体的事情，农民参与度较低。仅以农村生活污水治理为例，部分农民认为这是"大治水"的一部分，对大环境有利，对一家一户影响不大，在污水治理工程建设和运行维护管理中存在"事不关己"的态度。农户主动参与检查、维修和自觉管理房前屋后环境卫生的意识不强，将日常生活产生的剩菜剩饭，特别是红白事酒席后大量餐厨垃圾直接倒入隔油池或窨井中的现象屡有发生，严重影响污水管网的正常运行。另外，由于基础设施建设的后期资金投入不足，专业运行维护普遍缺失，导致难以追溯污染者，或由于污染者经济收入难以支付治理费用等原因，造成污染者付费制度难以推进。

2018年7月6日召开的中央全面深化改革委员会第三次会议通过的《关于推进政府购买服务第三方绩效评价工作的指导意见》（财综〔2018〕42号）中提出，推进政府购买服务第三方绩效评价工作。政府购买环境保护与生态修复服务或基础设施运维管理服务，对于推进生态宜居乡村建设管理规范化、制度化大有裨益。但一些乡镇在购买服务后，便疏于管理，对承包方的服务缺乏有效监管，导致环境保护与生态修复并未得到根本改善，政府公共服务管理水平也未得到有效提升。因此，应针对当前政府购买服务存在的问题，积极引入第三方机构对购买服务行为开展评价。

4. 特色产业少，投资吸引力差，难以撬动社会资本

虽然在国家和地方政府大力支持下，不少农村新产业新业态取得了很好的发展，像农村三产融合、农旅一体化以及田园综合体等特色产业日渐呈现。但中国90%以上的乡村以农业为主，特色产业基本上以农业为基础，真正做出特色、拿得出手的毕竟是少数，由此造成很多农村缺乏特色产业，很难吸引社会资金投入。很多地方已将特色产业作为一个地方的代名词，但是真正形成具有吸引力的"特色产业"需要有科学的规划、充足的资金来打造，特色小镇、美丽乡村建设等产业项目投资回报期长，吸引社会资金难度大。

二、生态宜居乡村建设的对策

1. 创新生态宜居乡村基础设施建设投入机制和长效运维管理机制

建设生态宜居的美丽乡村，不仅要改善乡村落后的村容村貌，更要注重乡村污水治理、垃圾处理、河道治理等基础设施建设和运维管理。应健全基础设施建设分类投入机制。对于没有收益的项目建设，如乡村道路铺设，应由政府主导，并鼓励社会资本参与。对于有一定收益的项目建设，如乡村污水处理设施，应由政府和社会资本作为主要投入主体，并鼓励农民参与。对于以经营性为主的项目建设，如乡村电网等，应由企业作为投入主体，地方政府对贫困地区给予适当补助。农村基础设施是生态宜居的"必要条件"，由于一些基础设施往往分布在村民的房前屋后、田间地头，要确保其一次建设、长久使用、持续发挥效用，不仅要靠政府推动监管，更离不开村民参与维护和监督。应根据地区实际，尽快建立一套操作性强的基础设施长效运维管理机制，从源头上制定好政策，划分好职责。在推进生态宜居乡村建设过程中，充分发挥村两委的监督管理作用，创新基础设施建设投入机制和长效运维管理机制。

2. 选择适宜地区发展的生态宜居乡村建设模式

参考非农产业带动型、农产品加工业带动型、农业旅游业融合带动型、一二三产业融合带动型和种植结构优化带动型五种生态宜居乡村建设模式，各地方应根据地区禀赋和发展方向选择适宜的建设模式。不能无视乡村资源禀赋和农耕文化，盲目跟风选择不适宜本地区发展的建设模式，走毫无地区特色、同质化严重的发展道路。非农产业带动型和种植结构优化带动型生态宜居乡村建设模式要求乡村的地理位置具有先天有利因素,如果乡村与大型企业或产业园区相邻,可以选择非农产业带动型生态宜居乡村建设模式促进乡村发展;如果乡村与大中型城市相邻,可以选择种植结构优化带动型生态宜居乡村建设模式,依托大中型城市,发展特色果蔬种植和采摘园等新型经营模式。农产品加工业带动型、农业旅游业融合带动型、一二三产业融合带动型生态宜居乡村建设模式都属于产业融合发展模式,各地区应根据地区特色文化和发展趋势选择适宜的生态宜居乡村建设模式。重点支持各地因地制宜发展农产品精深加工、农产品及农产品加工副产物综合利用、休闲农业和乡村旅游等农村产业融合发展关键环节,通过延伸产业链,提升价值链,激发农民的主动性和创造性,或依托合作社等基本经济组织带动乡村产业发展。同时,把握好生态宜居乡村的发展方向,不能走先发展后治理的错误道路,要以保护农村生态环境为基本前提,推进农村产业发展。将生态和环保放在发展的首要位置,坚持生态优先理念,把生态涵养和环境保护作为乡村产业融合发展的首要考虑因素。

3. 吸引村民返乡创业,培养有环保意识、专业素养的职业农民

生态宜居乡村建设需要打造一支懂农业、爱农村、爱农民的人才队伍。吸引更多有知识的"农二代"返乡创业,地方政府酌情给予一定政策支持,并提供适宜创业的政策环境和市场环境。鼓励农业科研人员下乡为农民种植养殖提供指导、解答疑惑,引导管理型人才下乡为新型农业经营主体提供生产经营培训,培养有环保意识、专业素养的职业农民。近年来,国家在政策层面十分支持并鼓励返乡创业,我国返乡创业人员已超过700万人,平均1名返乡创业者能带动4人左右的新就业。但外出务工的青壮劳力返乡后,仍面临诸多实际困难,如村级教育环境、教学质量等,村级医疗条件均落后于城市。若想更好地吸引人才返乡,需要在政策落实中充分考虑返乡创业人员的实际需求,解决其后顾之忧,使好政策真正落地，农民真正受益，从而更好地激发农民积极投身于生态宜居乡村建设中。

4. 将"绿水青山"转化为"金山银山"

"绿水青山"与"金山银山"之间需要一定的转化方式。所以，乡村需要对本地区的资源环境特色、乡村的区位特点、当地产业环境和基础，以及目标人群的消费市场变化等多方面因素进行合理化挖掘。一方面，应着重开发依托当地生态环境衍生或延伸的相关产业发展，拓宽发展思路，探索发展"绿水青山"的内生性产业，如休闲观光、农事体验、农业科技、乡村文化、特色村镇等项目。另一方面，应转换"绿水青山"营销理念，打造产地市场，将产地转变为销地，提高"绿水青山"原产地农产品附加值。根据乡村实际情况分区域分阶段制定发展方向，因地制宜、精准施策，坚持实施"千村示范、万村整治"工程，不搞"政绩工程""形象工程"。

实现乡村的生态宜居，关键要加大对农村资源环境的保护力度，构建节约资源和保护环境的空间格局、产业结构、生产方式以及生活方式，建设人与自然和谐共生、富有生机活力的生态宜居乡村。重视绿水青山和文化传承，提升农民的参与度、获得感和幸福感。制定乡村环境整治目标，并按照既定目标逐步推进"绿水青山"保护机制。引导农民建立环境保护意识，持续推进污染者付费制度。对于政府购买的环境保护与生态修复服务或基础设施运维管理服务，应加强后期监管，并对服务行为的经济性、规范性、效率性、公平性进行评价。

建设生态宜居乡村任重道远，应按照阶段性目标分步实施，在2020年之前实现生态环境、居住环境、人文环境的宜居，完成旱厕改造、生活垃圾处理、污水处理等方面的具体任务，同时提高村集体的环境保护意识、服务意识和市场竞争意识，强化乡村的发展动力。

第二章 农村生活垃圾整治

第一节 农村生活垃圾及其危害

一、农村生活垃圾的构成

随着经济不断发展,农村规模不断扩大,农民的经济收入增加,生活水平快速提高,农村生活垃圾数量也逐年增加。根据处理和处置方式或者资源化回收利用的可能性,可将生活垃圾进行简易分类,这种分类标准和种类并不统一,可根据地区差异有所差别。如可分为可回收物、餐厨垃圾、有害垃圾和其他垃圾等。

(一) 可回收物

可回收物指再生利用价值较高,能进入回收渠道的垃圾。家庭中常见的可回收物包括:纸类(报纸、传单、杂志、旧书、纸板箱及其他未受污染的纸制品等)、金属(铁、铜、铝等制品)、玻璃(玻璃瓶罐、平板玻璃及其他玻璃制品)、除塑料袋外的塑料制品(泡沫塑料、塑料瓶、硬塑料等)、橡胶及橡胶制品、牛奶盒等利乐包装、饮料瓶(可乐罐、塑料饮料瓶、啤酒瓶等)等。

随着城市大规模建设的发展,建筑垃圾排放量增长迅猛,成为城市发展必须要面对的问题。在国外发达国家,建筑垃圾中的许多废弃物经过分拣、剔除或粉碎后,大多可作为再生资源重新利用。日本对于建筑垃圾的主导方针是:尽可能不从施工现场排出建筑垃圾;建筑垃圾要尽可能的重新利用;对于重新利用有困难的则应适当予以处理。如港埠设施,以及其他改造工程的基础设施配件,大都利用再循环的石料,来代替相当量的自然采石场砾石材料。美国住宅营造商协会开始推广一种"资源保护屋",其墙壁是用回收的轮胎和铝合金废料建成的，屋架所用的大部分钢料是从建筑工地上回收来的，所用的板材是锯末和碎木料加上 20% 的聚乙烯制成，屋面的主要原料是旧的报纸和纸板箱。这种住宅不仅利用了废弃的金属、木料、纸板等建筑垃圾，而且比较好地解决了住房紧张和环境保护之间的矛盾。

（二）餐厨垃圾

家庭、饭店、单位食堂等饮食单位产生的食品残余物，一般统称为厨余垃圾，其中被煮熟而未被食用丢弃的为餐厨垃圾。厨余垃圾的化学组分主要为淀粉、纤维素、蛋白质、脂类和无机盐等，具有含水率高、易腐败等特点。随着经济的发展及生活水平的提高，厨余垃圾的产生量持续增加，目前世界各国绝大部分城市垃圾中餐厨垃圾的比例已经占到了 40% 左右。因此，餐厨垃圾的处理日益受到各界关注，在我国很多城市的垃圾分类中，也往往把厨余垃圾单独列出一类。

（三）有害垃圾

1. 电子垃圾

电子垃圾是当今信息时代的副产物，同时也徘徊于"危险废物"与"可回收物质"之间。电子产品更新换代的速度实在太快，以至于有那么多的电子垃圾来不及处理。2007 年 3 月，联合国下属机构发起一个名为"解决电子垃圾问题"的环保项目。据项目介绍，全球每年产生的电子垃圾将很快超过 4 000 万吨，如果把运送电子垃圾的卡车排列起来，可以绕上半个地球。一边是不断推陈出新的电脑、手机、数码相机，一边则是越堆越高的电子垃圾。信息时代，电子垃圾已经成为世界上发展最为迅速的废物，如海啸时的巨浪向地球席卷而来，全世界所有国家的领导人和环保主义者都在为庞大的不断增长的电子垃圾而苦恼。

2. 医疗垃圾

另一种让人头疼的有害废物是医疗垃圾。医疗废物具体包括感染性、病理性、损伤性、药物性、化学性废物。这些废物含有大量的细菌性病毒,而且有一定的空间污染、急性病毒传染和潜伏性传染的特征。如果不加强管理、随意丢弃,任其混入生活垃圾、流散到人们生活环境中,就会污染大气、水源、土地以及动植物,造成疾病传播,严重危害人的身心健康。在我国的一些小城市和乡村,随意丢弃医疗垃圾的现象十分严重,这些垃圾往往具有直接或间接感染性、毒性以及其他危害性。

日本厚生省规定对于医疗废物的医院内部灭菌处理采用表2-1的方式:焚烧、熔融、高压蒸汽灭菌或干热灭菌、药剂加热消毒及其他法规规定的方法。医院通常采用焚烧方式处理医疗废物,炉灰必须在指定的安全型填埋场进行处置。

表2-1 日本医疗废弃物处理方式

分类	标志	包装	存放	处理方式
可燃废弃物（非传染性）	有害物危险标志	塑料容器	堆放	医院内处理残渣填埋
可燃废弃物（传染性）	有害物危险标志橙黄色标志	红色专用垃圾袋	专门保管场所	消毒灭菌医院内处理残渣填埋
不可燃废弃物（非传染性）	—	塑料容器	堆放	医院内处理残渣填埋
不可燃废弃物（传染性）	有害物危险标志橙黄色标志	红色专用垃圾袋或专用收集袋	专门保管场所	消毒灭菌医院内处理残渣填埋

目前发达国家均采用高温焚烧方法对医疗废物进行集中处置,对于焚烧后的底灰和尾气必须达到无菌、无毒才能够排放;并对从事医疗废物集中焚烧处理的单位实施许可证制度管理。

在家庭生活中,也会产生不少医疗垃圾,如注射器、针头、带血的棉球和纱布、胰岛素药瓶、过期药品等,这些废弃物随意丢弃,不仅可能刺伤环卫工人、传染疾病,还可能造成环境污染。一种可行的方法就是将它们封装好送到附近医院的医疗垃圾筒中,另外，我国的一些城市已经开展了对过期药品的回收活动。

3. 家庭有害垃圾

家庭产生的有害垃圾一般指含有毒有害化学物质的垃圾。除了上述提到的废弃电脑、手机、过期药品等垃圾，还包括电池（蓄电池、纽扣、电池等）、废旧灯管灯泡、过期日用化妆用品、染发剂、杀虫剂容器、除草剂容器、废弃水银温度计等。

（四）其他垃圾

除去可回收垃圾、有害垃圾、厨余垃圾之外的所有垃圾的总称。主要包括：受污染与无法再生的纸张（纸杯、照片、复写纸、压敏纸、收据用纸、明信片、相册、卫生纸、尿片等）、受污染或其他不可回收的玻璃、塑料袋与其他受污染的塑料制品、废旧衣物与其他纺织品、破旧陶瓷品、妇女卫生用品、一次性餐具、烟头、灰土等。

二、农村生活垃圾的危害

农村经济条件较差，垃圾处理技术薄弱，思想认识不足，垃圾的终端处理都达不到规范和无害化，产生较为严重的污染问题。目前，我国农村生活垃圾的危害主要表现在对生态环境、人体健康以及经济发展3个方面。

（一）农村生活垃圾对生态环境的影响

1. 农村生活垃圾对土壤的污染

大量农村生活垃圾堆肥侵占了大量农田，对农田破坏严重。垃圾中含有多种重金属（如铜、镉、铬等）和有机化合物，这当中多是有毒有害的危险品和难降解的化合物。它们毒性大、危害大，渗透进入土壤，腐蚀农作物，严重影响着土壤质量，通过食物链危及人体健康。另外，农村生活垃圾直接倾倒于农田，或仅经简易处理后用于农田，会破坏土壤的团粒结构、理化性质、保肥能力。特别是塑料袋、塑料布等，如果埋在农田里，会影响庄稼根系发育，导致农作物减产。

2. 农村生活垃圾对水体的污染

农村生活垃圾对于水源所造成的危害主要体现在两个方面。一个方面是生活垃圾中固体废弃物的腐蚀,同时包含了在处理垃圾的过程中所造成的二次污染;另一方面则是生活污水的处理。农村地区的生活污水往往不会经过处理,而任意排放到附近的沟渠之中,而这些沟渠往往联通的是附近的江河,另外在生活污染中可能还会存在一些有毒有害物质,如农药、洗衣粉等,带来磷等物质的污染。目前,我国农村地区自来水的普及率还有待进一步提升,尤其是我国西部经济欠发达地区,饮用水主要还是来自地下水,因此农村生活垃圾污染对于水体的危害最终必然会威胁人类自身的健康。另外,在农村地区还会出现固体垃圾随意丢弃河道的情况,从而导致河道或者湖泊出现淤塞的情况,甚至威胁整个水利工程的安全。调查显示,我国目前每年所产生的生活污水量达到了 80 亿吨,大多未经过处理而直接注入河流或地下,从而导致地表水以及地下水水体受到严重的污染,甚至威胁整个农村区域的环境安全。

3. 农村生活垃圾对空气的污染

生活垃圾对于空气所造成的污染主要表现在几个方面。第一,微小的生活垃圾会运动到空气中,并随着空气的流动任意扩散,造成可吸入颗粒物污染。这些微小的颗粒物同样也包含各种各样的粉尘,以及一些其他有毒害的物质,最终对大气造成污染。第二,垃圾在任意堆放的过程中会腐败变质,而受到微生物作用,往往会释放出大量有毒害的气体,如甲烷、二氧化硫、硫化氢等,如果不合理地进行处理,那么就很容易出现燃烧、中毒情况。第三,生活垃圾所带来的污染还表现在处理过程中。一些不当的处理方式更会加剧垃圾污染,目前我国所采用的生活垃圾处理方式主要是填埋以及焚烧,在对生活垃圾进行焚烧的过程中会产生大量有毒气体和微小颗粒物,尤其是以塑料燃烧为主。

（二）农村生活垃圾对人体健康的影响

农村生活垃圾中所含的有毒物质和病原体，可以通过各种渠道传播疾病，更能造成大多数地区蚊蝇滋生，为细菌的滋生提供了条件，进而威胁人类的健康。目前农村地区很多疾病的发生都与有垃圾及滋生的细菌有关。当人食用含有有毒物质积累的动植物时，毒害物质积存在人体内，对人的肝脏和神经系统造成严重损害。固体废弃物随意露天堆放，不加以处理，在温湿度适宜的条件下，还会繁殖大量有害病菌。经调查得知，目前每到夏天很多村遍地都是生活垃圾，导致蚊虫肆虐，大量的蚊虫繁殖污染了人们的生活用水和食物，所以每到夏天由于垃圾污染导致的疾病不断。

（三）农村生活垃圾对经济发展的影响

在农村城镇化发展的道路上，很多农村地区都是以破坏环境为代价获得发展，虽然农村摆脱了贫困，人民的生活水平有了提升，但是随之带来的环境破坏往往需要花费更多的人力、物力以及财力才能挽回，这些都是人类难以弥补的。农村生活垃圾污染在发展之初仅仅是个别现象，但是一直以来都没有得到有关部门的重视，同时在问题的解决方面也不够积极，从而导致其演变成为了一个大的难题。

另外，由于生活垃圾所带来的污染，群众的患病率不断上升，尤其是近年来癌症频发，而政府部门为了提升群众的生活质量，也投入了大量的资金用于环境治理，因此从这些方面来看，垃圾污染严重制约着经济社会的健康长效发展。

第二节　农村生活垃圾的处理方式

由于受经济发展水平、生活习惯、政府管理力度等多方面因素影响，我国农村在处理生活垃圾方面存在多样化。农村生活垃圾处理主要采用堆肥、焚烧、填埋以及综合利用4种处理方式。

一、垃圾堆肥技术

农村生活垃圾中有机组分（厨余、瓜果皮、植物残体等）含量较高，经济较发达的农村可达到80%以上，可采用堆肥法进行处理。堆肥法就是在一定的工艺条件下，使可被生物降解的有机物转化为稳定的腐殖质，并利用发酵过程产生的热量杀死有害微生物达到无害化处理的生物化学过程。堆肥按有氧状态可分为好氧堆肥和厌氧堆肥。厌氧堆肥与好氧堆肥比较，单位质量的有机质降解产生的能力较少，且厌氧堆肥通常容易发出臭味，因此目前好氧堆肥应用更广泛。堆肥技术工艺简单，适合于易腐有机质较高的垃圾处理，可实现垃圾资源化，且投资较垃圾填埋、焚烧技术都低。堆肥技术在欧美起步较早，目前已经达到工业化应用的水平，堆肥产品能作为有机肥增强土壤肥力，因此，堆肥是农村生活垃圾资源化处理的较有前景的发展方向。然而由于我国垃圾的分类收集程度低，垃圾成分日趋复杂，直接影响堆肥产品质量，可能会造成潜在污染，特别是重金属残留问题。目前利用混合垃圾简易堆肥出的产品品质较差，且可能含有有毒物质，缺乏与普通工业肥料的竞争力。

二、垃圾焚烧技术

农村生活垃圾中的废塑料等可燃成分较多，具有很高的热值，采用科学合理的焚烧方法是完全可行的。焚烧处理是将垃圾作为固体燃料送入垃圾焚烧炉中，生活垃圾中可燃成分在 $800\sim1\,200℃$ 的高温下氧化、热解而被破坏，转化为高温的燃烧气和少量性质稳定的固体废渣。焚烧技术是目前生活垃圾处理的有效途径之一。因垃圾焚烧技术具有处理效率高，有效实现垃圾减量化、无害化、节约填埋场占地等特点，近年垃圾焚烧技术也突飞猛进，目前我国垃圾焚烧发电厂主要分布在经济发达地区和一些大城市，其中江苏、浙江、广东3个省的生活垃圾焚烧发电厂数量最多。随着经济发展，我国西部地区越来越多的城市也将选择建设垃圾焚烧发电厂。目前我国大型垃圾焚烧设备及尾气净化装置大都依靠引进国外先进技术及装备，因国外垃圾普遍采用了分类收集，进入焚烧厂的成分相对简单，热值高，水分含量低，而在我国垃圾中厨余垃圾多、热值低、水分高、灰分大、成分复杂，因而直接引进国外焚烧设备不仅投资大，处理效率降低，且需要较多的辅助燃料，因垃圾成分复杂，尾气处理难度和污染控制成本增高。因此尽快开展垃圾分类，研制高效、廉价的焚烧炉及焚烧炉尾气中多种污染物脱除技术，实现该技术的规模化、商业化是我国垃圾焚烧技术的重点工作。

三、垃圾填埋技术

垃圾填埋技术是目前我国应用最为广泛的垃圾处理技术，原理是利用工程手段，采取防渗、铺平、压实、覆盖等措施将垃圾埋入地下，经过长期的物理、化学和生物作用使垃圾达到稳定状态，将垃圾压实减容至最小，并对气体、渗滤液、蝇虫等进行治理，最终对垃圾填埋场封场覆盖，从而将垃圾产生的危害降到最低，是整个过程对公众卫生安全及环境均无危害的一种土地处理垃圾方法。垃圾填埋技术比较成熟，操作管理简单，处理量大，可以处理所有种类的垃圾。

在不考虑土地成本和后期维护的前提下，垃圾填埋技术的建设投资和运行成本相对较低，能处理处置各种类型的废物，并可利用垃圾填埋气发电向城市提供电能或热。实现经济循环发展，垃圾填埋技术目前及将来一定时间内是我国垃圾处理的主导技术，现占到我国垃圾处理能力的 80%。然而填埋处理本身存在难以解决的问题，首先，填埋法无害化程度较低，特别是由于我国城市垃圾含水量和有机物含量都较高，会产生大量渗滤液，渗滤液中包含大量有毒、有害物质，其中包括重金属；其次，垃圾填埋场占用大量的土地，在城市土地资源日趋紧张的今天，场址选择日益困难，填埋费用不断增加。同时填埋法的资源回收率低，填埋场中产生的甲烷气体在导致气候变暖方面效果大约是二氧化碳的 20 倍,地球上 10%~15%的沼气是由填埋气体产生的,垃圾填埋场是温室效应产生的重要原因之一。因此,随着经济发展,垃圾量的增多,卫生填埋技术最终将因投资较大、占用大量土地及易污染环境而被边缘化。

四、综合利用技术

综合利用是实现固体废物资源化、减量化的最重要手段之一。在生活垃圾进入环境之前对其进行回收利用,可大大减轻后续处理处置的负荷。综合利用的方法有多种,主要分为以下 4 种形式:再利用、原料再利用、化学再利用、热综合利用。在农村生活垃圾处理过程中,应尽量采取措施进行综合利用,以达到垃圾减量化、保护环境、节约资源和能源的目的。根据农村生活垃圾的特点,建议农村生活垃圾应分类收集,分类处理(图 2-1)。

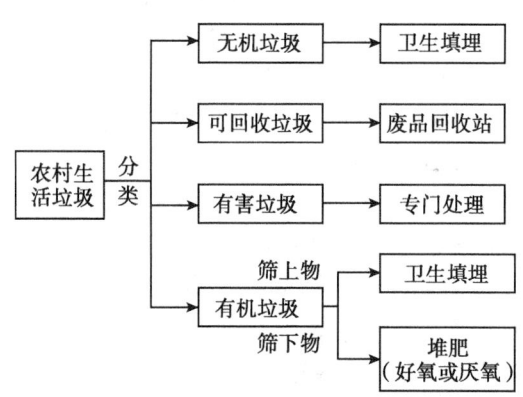

图 2-1 农村生活垃圾综合利用模式

五、农村生活垃圾处理新技术

1. 蚯蚓堆肥技术

蚯蚓堆肥技术是指在微生物的协同作用下,利用蚯蚓本身活跃的代谢系统将垃圾废料分解转化,形成可以利用的土地肥料。使用的蚯蚓主要有正蚓科和巨蚓科的几个属种。该技术成本低、成效高,废物可再利用,有助于丰富资源。采用这一技术时,在完成垃圾处理的同时,还可将蚯蚓作为科研产物进行研究,挖掘更好的用途。该技术有一定的科技含量,在正确的指导下能推广利用。

2. 垃圾衍生燃料技术

垃圾衍生燃料技术是指对垃圾进行破碎筛选得到以可燃物为主体的废物,或者将这些可燃物进一步粉碎、干燥制成固体燃料。该技术有许多优点,如由于粉碎混合均匀,燃烧完全,热值大,燃烧均匀,燃烧产生的有害气体和固体烟雾少。在南、北方地区,农村生活垃圾都可以进行能源生产、发电供暖等。但采用这种技术时,燃烧会产生温室气体和一氧化碳,所以有应用前景,但需要进行改进研究。

3. 气化熔融处理技术

该技术将生活垃圾在 600℃ 的高温下热解气化和灰渣在 1 300℃ 以上熔融这 2 个过程有机结合。农村生活垃圾热解后可产生可燃的气体能源,垃圾中未氧化的金属可以回收。热分解气体燃烧时空气系数较低,能大大降低排烟量,提高能源利用率,减少氮氧化物的排放。这种技术可最大限度地进行垃圾减量、减容,具有处理彻底的优点。但是,该技术能源消耗量大,需要组织集中处理,因此在农村推广使用不太现实,需要政府提供资金支持。

4. 高温高压湿解技术

农村生活垃圾湿解是在湿解反应器内,对农村生活垃圾中的可降解有机质用湿度为 433~443K、压力为 0.6~0.8 兆帕的蒸汽处理 2 小时后,用喷射阀在 20 秒内排出物料,同时破碎粗大物料并闪蒸蒸汽，再用脱水机进行液固分离。湿解液富含黄腐酸，可用于制造液体肥料或颗粒肥料。脱水后的湿物料可用干燥机进行烘干到水分小于20%，过筛，粗物料再进行粉碎。高温高压湿解的固形物质可作为制造有机肥的基料，湿解基料富含黄腐酸。高温高压水解法处理农村生活垃圾由垃圾分选系统、垃圾水解系统、垃圾焚烧系统、制肥自动控制系统组成，具有垃圾分选效果好、运行成本低、有机物利用率高、无需添加酸性催化剂、避免对环境产生二次污染等优点。这说明了高温高压湿解法处理农村生活垃圾具有可行性。

5. 太阳能—生物集成技术

该技术是利用生活垃圾中的食物性垃圾自身携带菌种或外加菌种进行消化反应，应用太阳能作为消化反应过程中所需的能量来源，对食物性垃圾进行卫生、无害化生物处理。在处理过程中利用垃圾本身所产生的液体调节处理体的含水率，不但能够强化厌氧生物量，而且能够为处理体提供充足的营养，从而加速处理体的稳定，在处理过程中产生的臭气可经脱臭后排放。当阴雨天或外界气温较低时，它能依靠消化反应过程中产生的能量来维持生物反应的正常进行。

六、农村生活垃圾主要处理技术比较

农村生活垃圾主要处理技术比较如表2-2所示。每种技术都有其自身的特点及实用性，因此最终选择适当的农村生活垃圾处理技术取决于各种各样的因素（如技术因素、经济因素、政治因素、环境因素等），其中很多因素都依赖于当地条件，一般应考虑：农村生活垃圾的成分和性状（决定于当地经济发展和居民生活水平）；处理能力和垃圾的减容率；国家相关政策和法规；工作人员的职业健康和安全；处理、运行及其他成本；处理设备的易操作性和可靠性；需要的配套设备和基础设施；处理设备及排放装置对当地环境的总体影响。

表 2-2　农村生活垃圾主要处理技术比较

处理技术	技术参数	优点	缺点
垃圾堆肥技术	有机质含量、温度、湿度、含氧量、pH值、碳氮比	工艺较简单，适于易腐有机生活垃圾的处理；处理费用较低	占地较多，对周围环境有一定的污染；堆肥质量不易控制
垃圾焚烧技术	搅动程度、垃圾含水率、温度和停留时间、燃烧室装填情况、维护和检修	体积和重量显著减少；运行稳定以及污染物去除效果好；潜在热能可回收利用	处理费用较高，操作复杂，产生二次污染
垃圾填埋技术	农村生活垃圾特征、场地地质条件、土壤、气候条件等	工艺较简单，投资少，可处理大量农村生活垃圾，也可处理焚烧、堆肥等产生的二次污染物	垃圾减容少，占用土地面积大，产生气体和挥发性有机物量大，并对土壤和地下水存在长期的潜在威胁
综合利用技术	再利用、原料再利用、化学再利用、热综合利用	减轻后续处理处置的负荷	缺乏针对性处理措施
蚯引堆肥技术	蚯蚓种类、垃圾碳氮比、温度、湿度、有毒有害物质、蚯蚓投加密度	工艺简单，不需要特殊设备，投资较少，没有二次污染，处理后的蚓粪、蚓体可利用	在国内外主要用于处理城市生活垃圾，对农村生活垃圾的处理方式和技术较少涉及

第三节　农村生活垃圾的治理模式

一、政府治理模式

农村生活垃圾治理的非竞争性和非排他性这两大特质说明了政府是农村生活垃圾治理的主要主体。政府可以通过制定政策法规、增加税收等强制性措施来筹集提供资金，不仅可以避免市场机制中的高交易成本，还可以通过生产和消费的规模效应分散和降低公共物品的供给成本。

以庇古为代表的经济学家们都强调了政府在环境治理方面的绝对优势地位，主张通过政府强有力的权力来治理环境。如果一个政府是"万能"的,其拥有环境治理需要的全部信息,并且能够监督使用者的行为并对"背叛者"实施必要的惩罚,那么该政府能够改变囚徒困境的冷酷结局,形成对博弈者都是帕累托最优的结果。但是,政府控制的方案能够有效发挥作用是建立在一定前提下的,即"拥有准确的信息、较强监督能力、有效的制裁手段、行政费用为零,否则,政府也可能决策失误"。由于现实操作中,完全信息、交易费用为零、有效监督等假设条件是不存在的,存在"政府失灵"的现象,使得政府在治理环境方面的作用大打折扣。

二、市场治理模式

在政府治理模式中,农村生活垃圾处理存在资金短缺和竞争缺乏等现象,因此需要考虑通过引入市场机制来提高农村生活垃圾处理效率。而农村生活垃圾处理的准公共品特征又决定了不能完全将其交由市场,否则会导致社会总体福利下降。农村生活垃圾处理的公共品特征,致使垃圾处理的收益偏低。同时,农村地理分布广、人口密度分布不均匀,因此,农村生活垃圾总量大但集中度不高,生活垃圾处理难以形成较大规模,这就决定了农村生活垃圾处理的高成本。在这种高成本、低收益的条件下,很难吸引市场资本的进入,导致市场失灵。再者,农村生活垃圾处理还没有形成完整的下游产业,因此资本的投资回报存在不确定性,这就导致市场资金流入农村生活垃圾处理行业缺乏基本的动力。如果没有政府通过财政补贴、调整利益分配格局等相关政策,不进行农村生活垃圾处理成本收益缺口的弥补,市场失灵现象将不会退去,这将导致农村生活垃圾处理的供给长期不足。这些就决定了农村生活垃圾处理应该采用公私合作供给模式。

(一)公私合作治理模式

目前我国在引入市场机制时通常采用以下几种公私合作供给模式。

1. 服务外包

服务外包是为了从民营企业获得特殊的技术和经验进而降低运营成本，通过招投标形式将垃圾处理过程中的部分环节承包给民营企业。该种模式下政府负责垃圾处理基础设施的建设，并对垃圾处理承包企业实行监督管理，而承包企业负责提供垃圾处理服务，并收取费用。

2. 建设—经营—转让（BOT）

BOT供给模式是民营企业在合同期限内出资建设环卫基础设施，并经营垃圾处理业务，合同期间垃圾处理实行市场化运作，民营企业通过财政补贴和经营收费收回投资，但合同期满后政府对基础设施拥有所有权。该种模式利用社会资金可以解决垃圾处理资金缺乏的问题，为垃圾处理服务的供给提供了经济保障。另外，经营期间的市场化运作可以促使民营企业提高垃圾处理效率。BOT供给模式有效整合社会各方资源，使政府与民营企业实行互利双赢。

3. 建设—移交—经营（BTO）

BTO是民营企业利用自有资金进行环卫基础设施建设，建成后设施所有权交予政府，民营企业再通过合同形式获得垃圾处理经营权，并通过经营收费获得收益。政府负责垃圾处理服务质量的监督，不参与垃圾处理服务的供给。

4. 建设—拥有—经营（BOO）

BOO是民营企业依据政府授予的特许权，出资建设环卫基础设施，建成后民营企业对相关设施拥有所有权并负责垃圾处理服务的经营，但在经营期间受政府部门监督。该种模式下政府发挥宏观调控作用，不参与垃圾处理服务的供给。

5. 转让—运营—移交（TOT）

TOT是政府将建设后的设施转让给民营企业，民营企业依据政府授予的特许经营权，在合同期内运营和维护设施，通过收取垃圾处理服务费获得收益，合同期满后将设施移交给政府。实质上，这种模式是政府将生活垃圾处理基础设施租赁给民营企业,政府通过租金收回建设资金,同时也解决了运营问题。

以上5种公私合作供给模式的优势在于:第一,利用市场资金和企业技术可以在一定程度上抑制政府部门供给的低效率和政府垄断引发的寻租活动;第二,在政府主导下,建立财政补贴和收费制度等相关扶持政策,保证进入企业的利益,鼓励市场主体的参与;第三,社会资本的进入可以有效解决政府财政不足问题,在农村生活垃圾处理需求不断增加的情况下,保证服务的有效供给。

(二) 供给模式的选择

通过对以上几种公私合作模式分析,可以看出这几种模式均适用于生活垃圾处理,但何种模式效果更理想、更适合农村地区,还需要进一步讨论。根据可销售理论,农村生活垃圾处理作为一种较为特殊的准公共品,其不同环节具有不同程度的排他性和竞争性,蕴藏着巨大的市场潜力。如表2-3所示,农村生活垃圾收集环节,排他性和竞争性适中,沉没成本比较低,具有较强的竞争性,这就适合多家企业竞争经营;而运输和卫生处理环节都具有较高的规模经济性,沉没成本也相对要高,另外还要求有较高的协调性,这就要求具有一定规模的少数甚至是独家企业进行产业化运作。

表2-3 垃圾处理的可销售性评估

处理环节	排他性	竞争性	规模经济	沉没成本	协调性要求
收集	中	中	低	低	中
运输	高	高	高	低	高
填埋	中	低	高	中	高
焚烧	高	中	高	中	高

三、社区自治模式

传统的集体行动理论认为,面对农村生活垃圾治理这类公共池塘资源治理问题,"公地悲剧""囚徒困境"和"集体行动困境"

等问题不可避免，因此需要外部的强制力量或者特殊的制度来解决。然而，奥斯特罗姆指出，传统治理模型只适用于在具有较高贴现率、缺少信任、沟通和不能形成有约束力的协议、无法建立有效监督机制的情况；而在规模较小的公共池塘资源问题中则不适用。对于农村森林资源的治理而言，长期的共同生活使得"村民知道谁是能够信任的，他们的行为将会对其他人及公共池塘资源产生什么影响，以及如何自我组织起来促进集体行动"。该观点认为"通过相互间交流和重复博弈，村民能够找到解决上述困境的制度安排，使所有人能抵制'搭便车'或者其他机会主义行为诱惑而采取符合共同利益的行为"，这里所指的制度即是自主治理制度。

而要实现有效地自主治理必须解决三大难题，即新制度的供给问题、可信任承诺问题和相互监督问题。同时，要构建能解决三大难题的合理有效的制度需要借助于社会资本网络的作用。从根本上说，社会资本是从人与人之间的互动和社会结构中衍生出来的一种价值资源。一般而言，它产生于重复博弈，即如果个体之间反复地进行博弈、互动，那么"他们就会对'诚实可靠'之类的声誉进行投资"。相互信任、互惠互利、拥有约束力的共同规范以及稳定的网络和团体内部关系是社会资本在农村环境治理中有效发挥作用的至关重要的特征与要求。

第四节 农村生活垃圾分类现状及对策

一、我国农村生活垃圾分类存在的主要问题

（一）村民垃圾分类意识薄弱，积极性不高

一是村民对生活垃圾分类的认可率低。调查表明，仅有 8.5% 的村民认同生活垃圾分类可以变废为宝、节约资源和减少环境污染，12.4% 的村民认为如果生活垃圾问题没有很好解决会影响生活质量，76.7% 的村民认为分类和不分类对他们来说，是无关紧要的。二是村

民对生活垃圾分类的知晓率低。调查表明，仅有9.3%的村民知道政府正在推行生活垃圾分类，6.6%的村民知道自己所在的村庄"有宣传并正在做生活垃圾分类"。三是村民对生活垃圾分类的参与率低。调查表明，仅有4.2%的村民一直进行垃圾分类处理，68.4%的村民不清楚垃圾分类的具体操作，如分为几类、投放何处等。

（二）垃圾分类配套设施和服务不完善，"混装""混运"现象严重

一是垃圾分类配套设施不完善。调查发现，许多村庄设立了专门的垃圾收集点，但大多数没有分类垃圾箱，只是一个大垃圾池或大垃圾桶。公共道路上虽然设有分类垃圾桶，但缺少分类指导，村民不知道如何分类。二是垃圾"混装""混运"现象严重。调查发现，村庄保洁员队伍年龄偏大、素质不高、待遇偏低，不少村"二次分拣"不到位，有的干脆不分拣，个别的甚至把农户分好的垃圾在收集时又混到一起，出现了"先分后混"的尴尬局面，严重打击了村民对生活垃圾分类的积极性。有45.75%的村民质疑分类后的垃圾被混装运输，从而对垃圾分类不置可否且不予理会。

（三）垃圾末端回收处理体系不完善，垃圾"收得起来处理不了"

垃圾分类的根本目的在于利用，只有打通末端处理渠道，建立起再生加工、循环利用产业链，使前端分类出来的低值资源有去处，才能长久促进和保持前端分类的积极性。当前存在的主要问题是：一是垃圾末端回收体系不完善。调查发现，目前从事村级废品回收利用的人员和企业均较少，且废品收购的价格较低，同时在大部分地区，再生资源回收站与垃圾收集站分别设立，还有很多地区没有设置再生资源回收站，降低了农村生活垃圾的资源化率。二是垃圾末端处理体系不完善。调查发现，由于没有建立起配套的垃圾末端处理体系，一部分农村生活垃圾在城乡之间"漫游"之后，最终进行露天堆放或有害化填埋，导致垃圾分类在很多地方无疾而终、形同虚设。

（四）垃圾分类激励机制单一，政府财政压力大

一是垃圾分类激励手段不足，激励机制单一。调查发现，目前多数地区主要采取经济激励的方式促进村民进行垃圾分类。例如，德兴和新余的"垃圾兑换超市"。这种方式固然能起到激励的作用，但是效果并不十分理想。调查发现，能够参与这种活动的大多是有闲暇的老年人，参与率低，实物补贴价值和兑换垃圾本身价值差距过大，导致这种兑换方式成本压力较大，不具有可持续性。有些村甚至出现了村民把别村的垃圾捡过来进行兑换的现象，偏离了激励村民垃圾分类的政策初衷。二是垃圾分类资金来源单一，资金短缺现象十分严重。目前大部分地区垃圾分类资金主要依靠省级财政资金，市县乡镇配套资金投入普遍不足。同时，村民作为垃圾分类直接受益者，大多数没有缴纳垃圾处理费的意识和觉悟，乡村干群对政府资金投入期望很高，依赖心理较重。

（五）村民主体作用未发挥，缺乏长效机制

一是村民参与的内生动力不足。目前，政府是垃圾分类的重要推动者，也是相关政策和资金的重要提供者。许多地方在农村生活垃圾分类上一直采用的是"自上而下"的决策机制，村民主体地位缺失，甚至有部分村民认为"垃圾分类是政府花冤枉钱，搞政绩工程"，"政府干、村民看"的现象比较普遍，村民"等、靠、要"的思想严重，主人翁意识淡薄，积极性、主动性、创造性没有充分调动起来，导致"上热下冷"和"外热内冷"现象。二是考核机制未发挥村民主体作用，考核流于形式。目前，很多地方通过频繁的检查把农村生活垃圾分类纳入政府工作考核体系，但由于村民在监督中的地位缺失，这种依靠外来力量的检查最终只能被突击的"大扫除"所糊弄或者走走形式完成评分任务，"被动应付检查"现象较为普遍。

二、推进我国农村生活垃圾分类的对策建议

（一）加强宣传教育，提高村民生活垃圾分类意识

一是加强宣传和舆论引导。利用宣传标语和图文并茂的宣传画、墙报、现场说明会等多种村民喜闻乐见的形式，让村民详细了解垃圾分类处理的意义，明确具体的分类标准、主要做法和自己所承担的责任与义务以及先进典型的宣传。二是加强教育培训。以家庭为单位，建立垃圾分类分层培训制度，有针对性地对村保洁员、卫生监督员、村"两委"、村民代表、妇女代表等农村生活垃圾分类的"中坚力量"开展专业培训，增强全民垃圾分类的意识。具体可借鉴广西横县的成功经验，发挥学校教育的作用，在中小学开设资源回收再利用课程，开展"小手牵大手"活动。三是建立源头可追溯制度，村民帮扶互助。对分发给村民的垃圾桶进行编号，严格实施源头分类可追溯制度，对落后群体采取"邻里帮扶""党员帮扶"等结对模式，提高垃圾收集率和分类正确率。四是发挥关键人物的带头作用。引导和利用好村干部、村党员、致富能手、成功人士的影响力，通过能人带动、政策推动、宣传发动、邻里互动，提高村民垃圾分类的意识。

（二）完善垃圾分类配套设施和服务机制，加强保洁员队伍建设

一是制定明确、科学的垃圾分类回收标准。建议借鉴浙江省金华市和桐庐县的经验，将生活垃圾分为可腐烂和不可腐烂两类进行处置，每家每户配置两格式垃圾桶，并在垃圾桶上将可腐烂垃圾和不可腐烂垃圾的种类详细罗列，让村民易于看懂、易于接受，进行"对号入座"。二是提供齐全、可靠和便捷的垃圾分类配套设施和服务。综合考虑村庄的人口规模、住宅布局、交通线路、住房面积等特点安排垃圾分类投放设施，垃圾投放设施应简单、便捷、统一、易识别，位置合理。三是垃圾桶、垃圾车实现标准化，防止"混装"现象发生。有条件的地区可以借鉴浙江省金华市的经验，

引进垃圾分类收集车。没条件的地区可以对分类垃圾实施分时段收运。例如，单日收可腐烂垃圾、双日收不可腐烂垃圾，或按早、中、晚收运等。四是加强保洁员队伍建设。在制度层面明确保洁员的职责定位、考核体系、薪酬标准，实行垃圾保洁员评优制度，对先进保洁员给予奖励；建立一套专门的培训制度，由浅至深全面培养农村生活垃圾治理工作队伍；借助现代化的技术，发挥村民主体作用，对混装垃圾等现象进行监督举报。

（三）完善垃圾末端回收处理体系，让垃圾分类可持续

一是建立一个广泛的垃圾回收利用网络。按照政府主导、市场运作的方式，扶持和鼓励村一级成立废品收购网点，安装废弃物回收设备（如旧衣物回收箱）。乡镇地区适当布设不同规模的垃圾无害化处理企业，包括生物肥加工、炉渣灰制砖、废旧塑料再利用等企业。大力推动农村改厕与建设户用沼气池结合，把食物残渣变成清洁能源和有机肥料，提高垃圾资源化率。二是从终端处理环节倒逼前端分类环节。建议借鉴济南市的做法，在确定可行的终端处理方法之后，再去倒逼前端的分类环节，即有什么样的分类处理能力就推行什么样的垃圾分类。三是推行两网融合。建议借鉴广州市的经验，在环卫压缩站和垃圾转运站旁配套建立再生资源中转站，在街（镇）建立专业或综合再生资源分拣中心，实现传统再生资源回收站（点）与垃圾收运点功能上的整合，达到垃圾与低值可回收物分类收集和储运。四是建设以市场主导与公益扶持相结合的有价废品回收体系。在有价废品收购种类规范化的基础上应做到各类低值可回收垃圾的收购，与废品再利用企业共同研究制定包括运输与利润的有价废品回收保障机制，形成有价废品点（村镇）线（区县）面（省市）的回收、加工利用与集中处理为一体的产业化发展格局。

（四）完善垃圾分类激励机制，建立多元融资机制

一是建立短期激励和长期激励关联、奖惩结合的激励机制。分类实践推广初期可采用一些货币刺激和奖励，如小量现金、优惠券、彩票等，但必须建立一套与短期激励相衔接的长期激励关联机制，寻找可持续激励的替代品，保持村民参与的积极性和行为实践。建议借鉴广西横县的做法，采用奖惩并用、激励与监督并行的方法。每月对分类较好的村民发放日用品、表扬信等进行物质、精神奖励；对不配合者采取定点守候、批评和处罚等措施；对顽固分子采取暂停收运其垃圾并安排人员监督、处罚或教育。二是建立"向上争取一点、政府投入一点、社会参与一点、农民自筹一点"的"四个一点"的多元化资金筹集模式。有集体经济来源的村，设立专项资金用于农村生活垃圾分类减量处理工作。村集体经济不强的村，可以通过积极主动联系村籍企业主和知名人士，捐助农村生活垃圾分类减量处理经费并实行专款专用。经济发达村，外来人口多，可实行企业包干制度，每个企业每年给予所包干村（社区）一定的农村生活垃圾分类经费，实行专款专用。在条件成熟的村，试点垃圾收费制度，费用由村组干部或卫生理事会上户收取，专项用于村组农村生活垃圾分类减量处理。

（五）发挥村民主体作用，建立农村生活垃圾分类治理长效机制

一是建立完善垃圾分类重要事项的科学决策、民主决策的程序制度，切实保障村民的知情权、决策权和监督权，充分调动村民的积极性，发挥村民在垃圾分类中的主人翁作用。二是建立激励公示和环境卫生荣辱榜制度。建议借鉴浙江省金华市和桐庐县的经验，对村民垃圾分类等情况进行打分评比，通过"笑脸墙""红黄榜"等措施，提高村民垃圾分类积极性。三是创新推广"路段长、网格化、十户轮值"等多种管理模式。参考河长制的做法，推行路段长制，进行网格化管理。建议依靠村内骨干力量（例如村干部、党员、族长）担任小组长，每名小组长以"就亲、就近、就便"原则，结对5~10户村民，监督推行垃圾分类。借鉴安徽省庐阳区三十岗乡的"十户轮值"方式，村民组以十户家庭为单位，按照就近的原则分片划分成若干小组，确定一人为轮值组长。每十天轮流值日一天，轮值户每日查看并督促农户将生活垃圾进行分类。四是建立健全垃圾分类相关法律法规和标准体系，构建垃圾分类长效机制。积极探索垃圾分类处理立法工作，将垃圾分类纳入村规民约，列入村干部竞选承诺，明确村民的责任与义务。

第五节　农村生活垃圾处理案例

一、山东昌邑：市场供给模式

从 2008 年开始，昌邑市将城市环卫工作模式延伸至镇街、村（社区），探索建立了"统一收集、统一清运、集中处理、资源化利用"的垃圾收集处理新模式，把镇街和村（社区）的环卫保洁、垃圾清运委托市环卫局全面管理。在各镇街设立环卫所，配备环卫专业人员及专业机械、车辆，全面负责所辖镇街驻地及托管村的环卫保洁和垃圾清运。按每 100 户村民设 1 名保洁员的标准配备保洁员负责村内生活垃圾收集、道路保洁，按每 15~20 户村民设置 1 个垃圾桶的标准，在全市农村设置垃圾桶 1 万多个，对生活垃圾实行封闭式收集，在各镇街区建设 8 处垃圾中转站，按照 15 个配 1 辆垃圾清运车的标准，配备 44 余辆大中型垃圾车，实现了垃圾"收集运输全封闭、日产日清不落地"的目标。与企业联合，投资 1.08 亿元，建成运行日处理 350 吨生活垃圾资源化利用项目，实现了生活垃圾由"减量化、无害化、资源化"向"社会化、产业化、资源化"转变，达到了"无污染、零废弃"的目标。大力实施精细化作业和立体化保洁，创新道路保洁模式，实施"无扫把工程"，由"人工密集型"转变为"机械化作业全覆盖"；创新垃圾桶电子标签管理模式，通过无线传输、GPS 卫星定位、垃圾桶倾倒次数和时间显示、调度指挥中心实时监控等手段，实行垃圾桶清运科学化管理，提高管理水平和工作效率。目前，全市农村环卫托管率达到 95%以上，构建起城乡一体的大环卫格局。

(一) 模式流程

昌邑市农村生活垃圾治理模式如图 2-2 所示。政府将城市垃圾管理系统延伸到乡镇、村庄,由各乡镇委托专业的环卫公司运作,环卫部门监管,专业公司对农村生活垃圾进行统一收集、清运与集中处置。同时,政府与企业合作,大力建设终端垃圾资源化设施,通过特许经营的方式开展垃圾资源化项目的建设与运营。

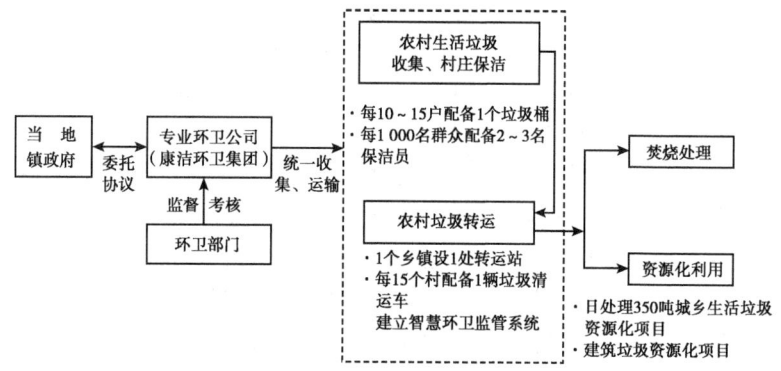

图 2-2　昌邑农村生活垃圾治理模式

(二) 保障措施

1. 组织保障

昌邑市制定了《城乡环卫一体化工作规划》《城乡环卫一体化服务规范》《镇村保洁标准》等规范标准。政府实行监督考核与激励机制,对相关人员工作质量、服务水平进行监督与考核,对表现突出的镇和街道办事处,市财政采取以奖代补的形式予以补助。昌邑市把全市 10 处镇街区驻地及 691 个行政村的道路保洁及垃圾收运工作全部委托给康洁环卫工程有限公司,由公司一个管理主体实行"一杆到底"的运营服务,即康洁环卫公司与市环卫局在管理和服务职能上彻底剥离,市环卫局负责监管和服务,康洁公司提供有偿服务,提升作业保洁标准和垃圾清运质量。另一方面,公司大力实施"走出去"战略,通过洽谈签订托管协议,为"异地他乡"提供道路保洁、垃圾清运等有偿服务。目前,"昌邑模式"已覆盖12省80多个市县(区),成立了400余个项目部,集团还与巴基斯坦的卡拉奇达成托管协议,成为第一家也是唯一一家走出国门、走向国际市场的环卫企业。市场化运作体制的创新,进一步理顺了管理秩序,从根本上、从源头上克服了过去既当"裁判员"又当"运动员"自己管自己、自己评判自己导致职责不清、管理越位、错位、服务不到位等弊端,充分调动了各方的积极因素,实现了政府花最合理的钱,让百姓享受到了最优质的服务。

2. 创新保障

创新建立科学的收运体系和收运模式,解决垃圾如何清理的问题。避免了传统收运模式"户集、村收、镇运、市处理"环节多、管理链条长、重突击、部长效、易造成二次污染等弊端(图2-3),创新建立了"统一收集、统一清运、集中处理、资源化利用"的垃圾处理新模式,就是由康洁环卫公司与镇街区、村(社区)签订托管协议,变过去"户、村、镇、县"四个管理主体为"康洁公司"一个主体,实行"一杆到底"管理,对农村生活垃圾进行统一收运工作。二是建立了科学的收运体系,对人和车、中转站等环卫设施、设备进行科学、合理

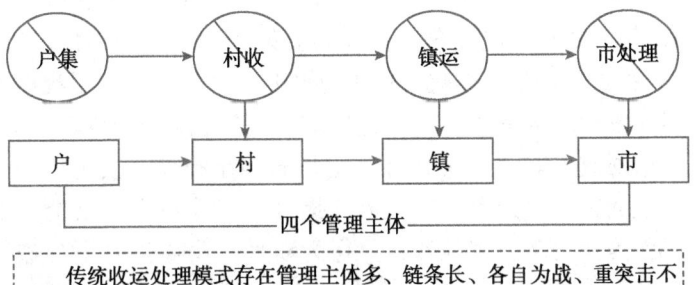

图 2-3 传统收运模式"户集、村收、镇运、市处理"弊端明显

的匹配，就是在各镇街区设立环卫所，科学、合理地配备一定数量的环卫专业人员及车辆；科学、合理地匹配相关数量的垃圾桶、设立垃圾中转站，负责农村道路保洁和垃圾清运工作。即按照每100户村民设1名保洁员的标准全市农村共配备保洁员2 000余名。按照每10~15户村民设置1个垃圾桶的标准，全市镇街区驻地、农村共设置垃圾桶2.5万多个。按照"一镇一站"目标，投资建成10处垃圾中转站，对农村生活垃圾统一清运、压缩、中转，实现了生活垃圾"收集运输全封闭、日产日清不落地"的目标。建立科学的收运体系，可以有效地降低投入，缩小运输半径，减少运输成本、避免浪费，合理地、科学地运用资金，提高工作效能，有效解决了农村生活垃圾如何收运和清理问题。

3. 资金保障

强化多元投入机制。按照"谁产生、谁付费"的原则，实行市、镇、村分级投入，在大型环卫设施设备由市镇两级政府投入的基础上，农村日常保洁、垃圾收集清运、资源化利用费用纳入市财政统筹，市级承担40%、镇级承担20%。村级由村集体出资或通过"一事一议"筹资筹劳方式解决，农村五保户、低保家庭及残疾人、70岁以上老年人的环卫托管费由市镇财政承担。强化政策激励机制。为推进城乡环卫一体化工作，昌邑市先后制定出台《城乡环卫一体化实施方案》和《关于深化城乡环卫一体化工作的意见》，把城乡环卫一体化工作作为镇街区"一把手"工程纳入镇街区科学发展综合考核，列入重点督查考核内容，对成绩突出的镇街区，市财政采取"以奖代补"的形式给予补助。强化市场运作机制。全面实施"走出去"战略，提升"自我造血"功能，不仅将环卫作为社会事业来运作，更作为新兴产业"生力军"进行培育、打造。截至目前，"昌邑模式"已延伸到国内12个省份80个县市区，成立了400余处托管项目部，合同总额128亿元，年主营业务收入10亿元，为昌邑环卫市场化发展提供了有力的资金支撑和保障。目前，康洁环卫集团正积极运作上市，力争在更高层次上实现更大发展。建立多元化资金投入机制，既解决了资金哪里来的难题，又减轻了各级财政的负担，还体现了城乡环卫一体化和农村生活垃圾处理工作的长效性，让村民与市民一样在享受到公共服务的同时，承担同样的责任和义务。

(三) 模式效果

"昌邑模式"包括在机制、技术、管理方面的一系列创新举措，成为全国同行业学习和借鉴的样板。为有效推进一体化进程，昌邑市将全市镇街区驻地和农村的环卫工作全部委托环卫局，由"户、村、镇、市"四个管理主体变为一个管理主体，实行"一杆到底"的管理机制。在此基础上，创新"统一收集、统一清运、集中处理、资源化利用"的垃圾收集处理新模式，下设10个镇街区环卫所，配备专业机械和专业队伍，对全市691个行政村进行统一标准保洁，实现了垃圾"收集运输全封闭、日产日清不落地"。此外，这个市按照"谁产生、谁付费"的原则，建立了"政府主导、群众参与、多元投入"的资金保障机制，环卫费用由市镇两级财政承担60%，村集体出资或村民"一事一议"筹资承担40%（每年每户承担60元）。这种收费模式从根本上平衡了市民和村民的利益，调动了农民自觉保持卫生的积极性，为城乡环卫一体化长效健康发展提供了可靠保障。昌邑模式本质上是政府购买公共服务模式，通过市场化运作，实行管干分离，有助于政府转变职能，提高垃圾管理效率与服务质量。

二、四川丹棱县龙鹄：社区自治模式

四川省眉山市丹棱县龙鹄村采取"因地制宜、村民自治、项目管理、市场运作"处理农村生活垃圾的做法，收到良好效果，找到了一条解决农村生活垃圾分类处理的方法。

(一) 模式流程

四川省丹棱县龙鹄村探索出一条"因地制宜、村民自治、项目管理、市场运作"的新路子。因地制宜，合理布局；农户初分，源头减量，全村打破村民小组的界线，按"方便农民、大小适宜"的原则，以邻近的3~15户不等修建联户定点倾倒池；每1~3个组的中心位置联建一个组分类减量池；村收集站建在能通行县上压缩式垃圾车的村道旁，由县环保局直接转运处理（图2-4）。

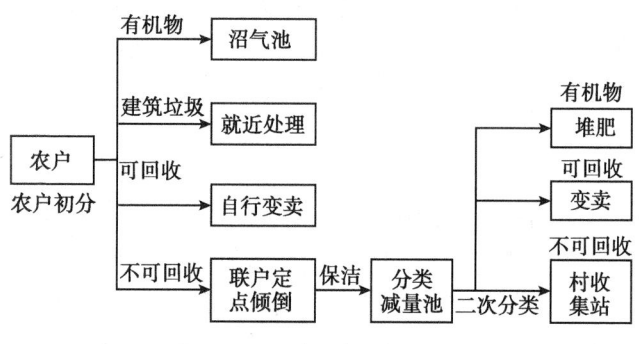

图2-4　四川丹棱县龙鹄模式

(二) 保障措施

1. 因地制宜，合理布局

全村打破村民小组的界线，根据道路和农户分布状况，按"方便农民、大小适宜"的原则，以邻近的3~15户不等修建联户定点倾倒池；每1~3个组的中心位置联建一个组分类减量池；村收集站建在能通行县上压缩式垃圾车的村道旁，由县环保局直接转运处理。

2. 农户初分，源头减量

制定村规民约，要求农户对垃圾按四类进行分类处理：一是有机垃圾倒入沼气池；二是建筑垃圾就近处理；三是可回收垃圾自行出售；四是不可回收垃圾就近倒入联户定点倾倒池。承包保洁的人员将联户定点倾倒池中的垃圾转运到就近的组分类减量池中再进行二次分类，按可回收、不可回收、堆肥处理等方式进行变卖、转运、堆肥处理。

3. **村民自治，市场运作**

将农村生活垃圾处理作为招投标项目来做，通过召开村民代表大会，采取公开竞标的形式，确定全村的垃圾收集和常态保洁承包人。中标人与村委会签订承包协议，明确工作职责、费用支出、安全保障、社会保险、违约责任等。承包所需费用采取"一事一议"方式，按照"谁受益，谁负担"的原则，按每人每月1元收取，差额部分由村集体收入解决。

（三）模式效果

丹棱县及时总结"龙鹄方式"，并召开乡镇、村组干部现场会，积极稳妥、探索创新、因地制宜、分步实施，到8月底已实现了全域覆盖。对居住分散的山区农户，为达到全域治理目的，在可通车的村组道路旁建固定池子。对不能通车的农户则发放编号箩筐或背篓，定期挑出或背出不可回收垃圾倒入池子内。各乡镇还从实际出发，探索实行邻村打捆竞标承包或整乡竞标承包方式确定保洁承包人。目前，全县建联户定点倾倒池4 000多个，发放编号箩筐和背篓1 000多个，建组分类减量池302个，建村或联村收集站58个，村村落实承包保洁清运人员，全域解决了农村面源污染问题。四川省大力推广丹棱"龙鹄"模式，因地制宜推进农村生活垃圾处理。目前已对92个县、180个镇、878个村实施了农村环境连片整治。

三、四川罗江县"分类减量、生态处理"模式

2009年以来，罗江县按照四川省委、省政府的部署，把城乡环境综合治理与全域建设"中国幸福家园"相结合，在农村生活垃圾治理上狠下工夫，通过分类减量，建立长效机制，扎实推进农村生活垃圾生态处理，围绕自然环境的生态化保护和人居环境的功能化改造，有效地改善了农村生活条件，城乡容貌明显改观。通过

努力，罗江县农村生活垃圾治理取得一定成效。2011年1月，四川省在罗江县召开农村生活垃圾处理暨建立收运机制工作现场会，要求"罗江模式"在全省推广，在2014年召开的全国农村生活垃圾治理工作电视电话会议上，处理农村生活垃圾的"罗江模式"作为经验被介绍给全国，并获得了住房和城乡建设部的肯定。

（一）模式流程

罗江县农村生活垃圾处理新模式按照"户定点、组分类、村收集、镇转运、县处理"这一流程规范运行（图2-5）。

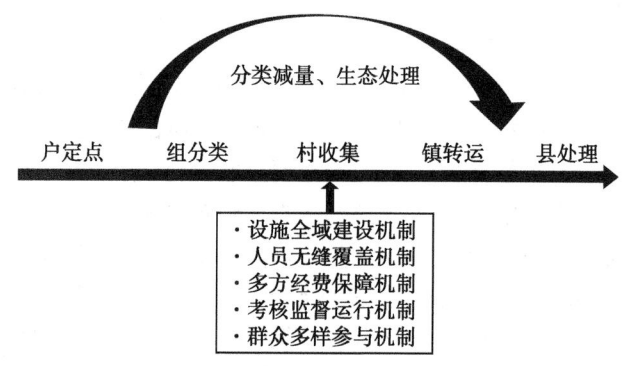

图2-5 罗江县农村生活垃圾治理模式

户定点：农户将自家产生的垃圾进行初分类，分出纸板、玻璃瓶、金属、塑料等可回收垃圾作为可回收垃圾出售；按照垃圾"出户入池"要求，把剩余不能自行处理的垃圾定点投放至垃圾收集池。农村生活垃圾在这里第一次减量。

组分类：保洁人员根据垃圾量，定期将垃圾池中的垃圾清运至组分类收集池，集中进行细分类处理。按照分类操作规范分成四类处理：石块、砖块等建筑垃圾就近找适当位置填埋；纸板、玻璃、金属、塑料等可回收垃圾集中收集储存，到一定量后进行出售；尘土、草木灰、农作物废弃物等可降解垃圾进行堆沤，作为农家肥回到果园林地；一般500吨的垃圾堆肥后就能产生400吨有机肥料，可以满足1 000亩（1亩≈667平方米，1公顷=15亩。全书同）果树所需肥料，为农户节约肥料用钱15万元。其余垃圾如废旧衣物、织物等作为需进一步处理垃圾集中待处理。农村生活垃圾在这一环节第二次大减量，"组分类"既是垃圾减量化和资源化的重要环节，又是垃圾生态处理的关键。

村收集：村保洁人员定期将需进一步处理的垃圾运至镇垃圾中转站，这一过程完成了农村生活垃圾由村、组分散到镇中转站的统一集中。

镇转运：镇、县环卫人员每日对镇垃圾中转站进行清运，将集中的农村生活垃圾转运至县垃圾中转站或进入垃圾处理场。

县处理：县级生活垃圾专业处理机构按照居民生活垃圾处理工艺和流程，将农村生活垃圾集中进行无害化处置。该环节完成了农村生活垃圾的最后处理。

这一流程中，通过"户定点""组分类"，针对农村生活垃圾的特点，最大限度地实现了垃圾全面收集、分类减量和资源利用；通过户—组—村—镇—县五级环环相扣，实现了垃圾的无害化处理。

（二）保障措施

罗江通过建立设施全域建设机制、人员无缝覆盖机制、多方经费保障机制、考核监督运行机制以及群众多样参与机制五项措施保障长效运行。

1. 设施全域建设机制（表2-4）

表2-4 设施全域建设机制

户	环卫设施覆盖到户	每3~5户建1个户垃圾池，每组建1~2个生态处理池。全县共修建户垃圾池7 428口，公路沿线垃圾池2 058口，生态分类池1 318口，总数达1.08万口，密度达4.9户/口，实现了每户农村居民都有地方投放垃圾

(续表)

组	分类工具覆盖到组	自制出适合农村作业的"五小"环卫工具：小钳子、小铲子、小锥子、小扫帚、小三轮，作为村组保洁人员的基本工具，配发到每个村组保洁人员，实现了分类作业工具的全面配置
村	回收站点设置到村	县供销社依托废品回收链，组建再生资源回收公司，县设分拣中心，镇设回收资源收购站，村设回收点，同时增设村流动回收人员，走乡串户流动收购，形成了较为完善的"县—镇—村"可回收资源收购网络。全县已经建成回收站点116个，村流动回收人员126名，实现了可利用垃圾的资源化处置
镇	中转设施覆盖到镇	在每个镇适度位置修建1个"地埋式"垃圾中转站，配置转运车辆。全县共建镇级垃圾中转站14座，实现了每个镇都有垃圾中转站

2. 人员无缝覆盖机制（表2-5）

表2-5 人员无缝覆盖机制

机构建设到镇	在每个镇设环境治理办，配备管理人员1~3名，集中统一监管农村环境治理和生活垃圾处理
队伍延伸到组	配备镇、村、组环卫人员，落实保洁、清运职责，其中，组保洁人员履行垃圾清运和分类职责，村保洁人员对全村公共场所清扫保洁和转运垃圾，镇环卫人员履行镇级公共场所保洁和垃圾中转。全县建成了近800人的保洁清运队伍，实现了定人、定事，不留盲区和死角的人员全面覆盖
管理落实到池	户集池每3~5天清运清洁1次，组分类池每3~5天分类1次、每月清运处理1次，中转站每天清运1次，让每个垃圾池都有人管

3. 多方经费保障机制

是否有较为畅通的资金筹措渠道、资金是否充足一直是环境综合整治工作的瓶颈。罗江县实行了"县财政补一点，乡镇补一点，村民筹一点，企业集一点，社会捐一点"的多方筹措渠道，具体解决方式：城镇、交通沿线、景区清运保洁人员，综合执法中队临聘人员原则上由公益性岗位解决，资金不足部分可由财政予以补助；村组保洁员由县财政、村民自筹、企业商户垃圾清运费和社会捐赠解决；环卫清运队伍纳入部门预算，财政完全保障；将垃圾回收减量纳入财政补贴，回收站点以略高于市价回收再生资源，差额部分财政补贴。2009年以来，县财政先后整合投入2 158万元进行农村环卫设施设备的建设，实现了设施全覆盖。补助农村生活垃圾设施建设1 000万元，其中垃圾定点收集池200元/个，公路沿线垃圾房600~800元/个，垃圾生态处理池3 000元/个，垃圾压缩站15万元/座；投入558万元购置环卫工具和运输设备；每年投入100万元，进行设施维护和设备添置。村组保洁人员基本报酬共同承担，根据月工作天数和工作量的不同，保洁人员报酬平均约600元/月，全县约800名农村保洁人员基本报酬一年560万，其中，300万元由县财政补助，160万元为农村居民每人每月一元钱，62万元由场镇清洁费收取，不足部分由镇、村级公共服务体系建设资金解决。政府主导、群众主体的"互动模式"确保了正常运行。

4. 考核监督运行机制

在持续治理和常态管理上，坚持依法治理，印发了《罗江县农村环境综合治理长效机制建设考核办法》和《罗江县城乡环境综合治理工作月度暗访等级评定及曝光奖惩办法》，实行考核结果与乡镇环境治理经费挂钩和曝光问责制，用经济杠杆和行政手段推进环境治理工作。主动邀请媒体监督，市、县媒体不定期明察暗访，运用媒体的影响力提高群众知晓度。强化一把"监督尺子"。一是将暗访监督制度化。坚持"月暗访、季通报、半年观摩评比、年终综合考评"，考评结果与财政拨款、干部考察提拔挂钩，通过经济杠杆和行政手段增强了执行力。二是社会监督多元化。罗江县主动接受上级媒体监督，邀请县外媒体独立暗访；设立有奖举报电话和受理中心，对投诉举报属实的每次给予50元奖励；通过查处曝光、教育警示，进一步推进环境治理常态化。

5. 群众多样参与机制

在发动群众参与方面，建立了全省首个"新公民"培训基地，开展"新公民"教育培训，提升群众的文明素质。村、组每年开展"卫生文明户"公开评比,实行差评摘牌制度。增强群众参与环境治理的荣誉感。村组保洁人员接受群众监督评议,以群众满意度高低决定保洁人员奖励补助和是否续聘。建立群众监督有奖举报制度,接受群众监督。坚持全社会参与,走群众路线。一是实施村民参与的"一元钱"管理活动。为使群众主动关心、自觉参与环境治理,罗江县在垃圾费征收上,采取农村居民每人每月象征性收取一元钱卫生费的办法。通过"一元钱"活动,提高村民的参与积极性,更加关注治理效果。为此,他们还建立起了村组季度群众例会制度,对村组保洁人员进行现场评议,对满意度超过90%的保洁人员给予物质奖励,对满意度低于60%的立即解聘,实现了村环卫队伍自我管理、自我监督、自我提升的管理目标。二是开展公开评比"一块牌"活动。村、组通过民主自治,每半年组织开展评比,通过自我推荐、群众推举、投票表决,产生"卫生文明户",并授牌和给予奖励。三是各单位、企业、工商业户也每年按自身的实际情况缴纳一定数额的卫生管理费用。

(三) 模式效果

全县农村生态环境明显改善,带来乡村旅游和种植业的大力发展,经济收入可观,同时增加了近千名农村群众就近就业;村民自治主动交纳"一元钱",群众受到了教育,素质得到提升,既交出了卫生习惯,也交出了监督习惯。目前,罗江县正逐步深化农村生活垃圾生态处理,在运行机制上全面推行农村清扫保洁市场化运作模式,促进农村生活垃圾收运处理体系的长效运行,切实减轻各级财政负担,提高保洁人员工作积极性和垃圾分类处理率;在"无害化"处理上继续探索,试点废旧电池、日光灯管、农药包装物等有毒害垃圾的集中收集处理工作,取得初步成效。

罗江县实行"分类减量、生态处理"的农村生活垃圾处理新模式,从根本上解决了农村生活垃圾面源污染问题,实现了垃圾处理减量化、再利用,推进了环境综合治理工作向村、组、户延伸,凸显了生态效益、经济效益和社会效益。

四、广西横县"三级四类"模式

早在2000年,为了突围"垃圾围城"的困境,横县针对农村生活垃圾乱堆放、处理难度大的特点,创新思路积极探索城乡生活垃圾分类收集处理办法。经过十多年以来不懈的努力,形成了"三级四类四统一"的垃圾处理收运模式。"三级四类"是指农户一级按干、湿两类垃圾分装放两个垃圾桶,经联社一级按厨余垃圾类、可燃烧类、可回收类、有毒有害类四类进行第一次分类处置,村委一级建立垃圾处理中心进行第二次四类垃圾分类。"四统一",即采取统一收保洁费、统一收运垃圾、统一分类、统一集中焚烧,逐步实现垃圾化整为零。在横县校椅镇石井村,家家户户门口都放着蓝色和绿色两个垃圾桶,绿色桶装餐厨垃圾,蓝色桶装其他垃圾。在石井村垃圾处理中心,从农户那边收集过来的垃圾经第一次分类处理后,可燃烧类垃圾由村委保洁员进行焚烧处理,可回收类有序叠放,达到一定数量后及时运到废旧回收点,危险垃圾如电池、旧灯管、过期药品、化妆品等由村保洁员收集后送到垃圾屋,安全放置好,避免再次污染,达到一定数量后再由县里统一收集处理。石井村通过采用"三级四类"无害方式,建立完善垃圾分类和清运处理模式,垃圾处理实现了新突破。这种分类法在横县被大力推广,2014年全县还将建设24个农村生活垃圾综合处理示范村,推广垃圾分类处理。

目前,横县垃圾分类处理工作在村屯的覆盖率已达80%,分类正确率达90%以上,通过垃圾分类,实现了减量化、无害化、资源化的目标,有效破解了"垃圾围城,垃圾堵河"的问题,洁净美化了环境。

该种模式的优势在于:实现垃圾不出村,降低垃圾治理的运营成本;垃圾分类减量,提高了垃圾循环利用效益;有利于提高村民的环境意识;适用于偏远农村。但是也存在着以下弊端:需要村民对垃圾有着很好的分类；农村单独建设垃圾焚烧设施，很难实现垃圾处置的规模效应，会导致投资运营成本偏高。

五、湖北襄阳市"郑集模式"

为抓好农村生活垃圾治理工作，郑集镇成立了由镇主要领导为组长的农村生活垃圾治理工作领导小组，建立了镇、村（社区）干部包保责任制度，明确了村（社区）党支部书记为农村生活垃圾治理工作第一责任人；制定了《郑集镇农村生活垃圾治理工作实施方案》，将垃圾治理工作内容扩展至镇容镇貌整治、污水处理、堰塘整治、污染源治理、农户庭院乱堆乱放整治等，将垃圾治理范围从只注重公路沿线、传统集镇延伸至全镇边远村组农户，实现全面铺开，整镇推进。还通过召开动员会、座谈会发放宣传单、制作宣传栏、张贴悬挂宣传标语等多种形式，大力宣传农村生活垃圾治理的重要意义和主要内容，让科学合理的农村生活垃圾治理理念走进千家万户，融入农民群众的生产生活之中，形成社会参与、全民共建的良好氛围，彻底改变了过去环卫保洁抓点抓面，乡村环境脏乱差现象无人管的局面。

该镇积极探索农村生活垃圾处理市场化运作模式，成立了宜城第一家专业化环卫服务公司，实行规范化运作。环卫服务公司实现了3个到位：一是人员到位。公司直接聘用管理人员2人、保洁员49人（清洁工42人，垃圾转运工4人，巡查保洁员3人），另指导管理村聘保洁员145名开展卫生保洁工作。二是设施设备到位。镇里先后投入资金450万元建设垃圾综合处理站1处、配置机械设备19台套，其中，垃圾压缩清运车1辆、钩背式垃圾车3辆，铲车1辆，自卸车1辆，电动三轮摩托清运车35辆，垃圾箱250个，户用垃圾桶1.5万个。三是责任制度到位。公司规范了保洁员考核制度、作息制度、监管制度、公司职责、运行程序。

2015年，按照农村生活垃圾治理工作任务要求，该镇在建设垃圾中转站的基础上，着眼长远规划建设综合性垃圾处理站，主要包括垃圾分类处理、无害化处理、有机肥制造等项目。垃圾综合处理站位于何骆村七组，占地22.7亩，总投资400万元，具有五项功能：一是垃圾转运（完成全镇30个村、2个社区的垃圾收集转运任务）；二是垃圾分类（车间占地600平方米，完成垃圾资源分类）；三是有害垃圾压缩转运（车间占地147平方米，将有害垃圾压缩转运处理）；四是生物微肥制造（车间占地400平方米，利用有机垃圾生产生物微肥）；五是生物微肥利用（大棚展示区占地3 776平方米，使用生物微肥进行大棚蔬菜、花卉种植，引导附近村组发展蔬菜、花卉产业）。建成后的垃圾综合处理站日处理垃圾能力30吨，能完成全镇产生的垃圾分类处理，实现垃圾分类和无害化处理，实现垃圾的资源化利用。目前，垃圾综合处理站已完成垃圾转运、垃圾分类、有害垃圾压缩转运处理三项功能建设并正常运行，较好地解决了农村生活垃圾污染重、处理难的问题。

六、福建"莆田市模式"

2015年，莆田市政府将农村家园清洁行动列入为民办实事重点项目，从建立完善的长效治理机制、强化各级治理资金投入保障、营造良好的宣传氛围等方面入手，多措并举推进农村生活垃圾治理，建设"幸福家园"。

1. 建立完善的长效治理机制

一是建立农村生活垃圾治理工作机构。成立了农村生活垃圾治理专项行动领导小组，各镇街均建立了农村环卫工作站，各配备了5名专职人员。建强农村生活垃圾治理工作队伍，从2018年7月1日起，7个镇街按照山区每400~500人、平原每500人至少配备1名保洁人员的标准组建环卫保洁队伍，目前已配置了410人，同比增长52.9%，为保障农村日常环卫保洁工作顺利开展奠定了坚实的人力基础。与环卫工人签订《环卫承包合同》和《环卫工作责任状》，保洁人员统一环卫着装，明确工作职责、保洁区域和工资福利。建立环卫"三包"三级保洁机制。二是实行"户包卫生、村包收集、镇包转运"。"三包"保洁制度，即实行村民家庭垃圾袋装化，放置垃圾桶供保洁员收取；将生活垃圾收集规定写入村规民约，落实各村（居）区域内日垃圾收集工作；配足垃圾转运车辆，按照预定路线，由镇街环卫工作站负责垃圾转运。三是完善农村监管自治机制。推行村内事"村民议村民定、村民建村民管"的治理模式，发挥村委会自治和群众主体作用，以村规村约的形式推行在全区 108 个村庄落实"户前三包"责任制，将农村生活垃圾治理情况纳入村务公开范围，主动接受村民监督和评议。同时，发挥民间组织和离退休老干部、老教师的作用，鼓励村民投工投劳，由村居老协会组织村庄环境卫生的检查监督工作。四是建立日常巡查整改机制。参照城区城市管理明察暗访检查考核的做法，成立了区级专职巡查工作小组，并根据"市季查、区月查、镇周查、村日查"的要求，进一步健全明察暗访和量化考评通报机制，区级每月每个村至少暗访 1 次、明察 1 次，各镇每周对辖区的乡村至少暗访 1 次、明察 1 次，每个村坚持每日上、下午各巡查 1 次。同时，开设农村环卫督查微信平台，对巡查发现的问题及时通报给相关单位，予以跟踪、及时通报、整改并反馈存在的问题。五是建立农村长效考核机制。制定出台《城厢区推进农村生活垃圾治理两年提升专项行动实施方案》《城厢区农村家园清洁行动奖惩实施方案》，把农村生活垃圾专项治理行动列入镇街主要领导目标责任考核和年度绩效考核内容，作为"美丽乡村""文明村镇"等评选的前置条件，对未通过农村生活垃圾专项行动验收的村镇，采取通报批评、逐级约谈督办等方式予以问责。

2. 强化各级治理资金投入保障

建立市、区、镇（街）、村（居）和农户共担的资金分担模式，将农村生活垃圾治理费用纳入各级财政预算。除了市财政补助常住人口每年4元外，城厢区在莆田市率先提高区级环卫补助标准，按农村常住人口区财政每人每年补25元、镇（街）补20元以上、村（居）补6元以上，农村生活垃圾治理经费投入按常住人口每人每年55元以上。同时，由村（居）民委员会制定实施垃圾治理的村规民约，通过"一事一议"的办法，开征农村生活垃圾处理费，每户每年缴费120元（五保户、低保户、困难户予以减免），并发动民营企业家、个体经营户捐款捐物，用于补充改善设施维护修缮及垃圾治理工作。

3. 营造良好的宣传氛围

全力宣传"家园清洁行动"的进展动态和创新理念，刊登、报道农村生活垃圾整治典型、先进事迹，提高群众对城市环境卫生长效管理的参与率和满意度。深化垃圾治理宣传教育。通过发放宣传单、开设农村生活垃圾治理宣传课堂等方式，全力提高农村群众的环境保护意识、参与垃圾治理意识。至目前，已向108个垃圾整治村发放《城厢区"清洁家园，共创文明"倡议书》和《农村垃圾整治通告》1万多份，粘贴宣传标语1 000多条，在各个村醒目位置印刷固定标语100多处。并通过学校学生"小手拉大手"的广泛宣传发动，有力地推进了农村垃圾整治工作全面深入开展。利用"美丽城厢""城厢环卫督查""城厢农村环卫督查"等微信平台，将省、市、区农村清洁家园行动的相关政策、市容环境卫生条例等进行宣传。深化垃圾治理"文化墙"建设。以"文化墙"为载体，采取漫画、诗歌、顺口溜等群众喜闻乐见的形式，将农村生活垃圾治理政策法规、环保意识等宣传与自然景观有机结合起来，把建设美丽乡村和繁荣农村文化结合起来，努力营造出"洁我家园""讲卫生光荣，不讲卫生可耻"的良好氛围。目前，已在农村辖区部分机关事业单位、学校、村部等围墙刷制环境卫生治理宣传墙，让一面旧墙变成美观而又会"说话"的文化墙，力争成为生态宜居乡村建设中的一道亮丽风景线。

第三章 农村生活污水整治

第一节 农村生活污水及其危害

一、农村生活污水分类

农村生活污水的类型基于生活水平、地形和居住状况的不同而存在污水排放特点和处理情况的不同。

1. 按照居住密集程度来分

农村生活污水类型可以分为集镇生活污水、小集中居民区生活污水和分散居民区生活污水三类（表3-1）。集镇以湖乡村中以非农业人口为主的比城市小的居民区为对象，集镇有一定规模的商业和服务业等形成的生活共同体；小集中居民区以城郊农村为对象，此类村庄毗邻城镇，既是农村又是城市的延伸，生活物资相对丰富，生活基础设施相对完善；分散居住区以山区及偏远农村为对象，此类村庄远离城镇，交通相对不便利，居民的生活与外界的交流相对较少，自然生态环境受破坏少。生活污水排放量受到居住密集程度的一定影响，人口居住密集的村庄，生活污水产量大；由于人口众多，生活物资供应相对齐全，生活用水中的化学量增加，污水成分越复杂；居民居住集中的村庄，对污水进行集中收集则更加容易，所以集中处理设施也相对完善。而居民分散居住的地区，由于交通不便利，生活物资品种相对简单，生活用水中的化学成分含量少；加上污水的统一收集成本过高，难度大，目前大部分此类村庄，生活污水没有经过统一的收集处理，存在部分单户或分散小联户型的生活污水处理设施，但大部分是直接排放至土壤。

表 3-1　不同居住密集程度农村生活污水分类比较

污水分类	污水特点	处理情况
集镇生活污水	排放量大、氮磷等污染含量高	大部分由管网统一收集处理
集中居住区生活污水	排放量较大、氮磷和有机物等污染物含量较高	部分由管网统一收集，部分无收集措施，雨污无分流处理
分散居住区生活污水	排放量小，污水成分相对简单	部分由单户和小联户污水处理设施处理，大部分直接排放至土壤自然处理

2. 按照农村居民家庭经济条件来分

农村生活污水可以分为经济条件较好农村家庭生活污水和经济条件较差农村家庭生活污水（表3-2）。经济条件较好的农村家庭多有修建楼房，配备水冲厕所和户用化粪池等污水处理设施，部分配备有淋浴设施，冲水厕所和淋浴设施的使用使生活用水的量增加，使用的日化产品量也随之增多；而经济条件相对较差的农户多居住修建已久的老房子，还使用旱厕，平时的用水量很小。

表 3-2　不同经济条件农村生活污水分类比较

污水分类	污水特点	处理情况
经济条件较好农村家庭生活污水	排放量较大，日化用品污染程度较大	大部分有冲水厕所和封闭式化粪池处理，但部分生活洗涤废水等直排
经济条件较差农村家庭生活污水	排放量较小，日化用品污染程度较小	大部分没有进行改水改厕，使用开放式化粪池处理，生活洗涤废水等直排

3. 按照村庄类型分类

农村生活污水可分为工矿企业型、耕作型、养殖型、旅游型和生态型五种（表3-3）。工矿企业型村庄由于工矿业的发展，导致村庄地下水或饮用水源被污染，居民生活用水中的污染本底值较高，排放的生活污水对环境污染尤其是水环境的污染大，相比其他类型村庄的生活污水，工矿业产生的污水具有复合型、压缩型特征，不同行业的废水成分不同，部分甚至具有毒性，污染物量大，处理技术要求复杂，这类村庄的污水污染甚至对居民的身体健康、生态安全存在隐患，监测至关重要。耕作型村庄是以耕作业为主的村庄，居民的主要劳动和劳动收入来源是种植业，此类村庄的生活污水排放量和成分含量根据村庄的经济条件存在差异；污水处理的主要方式是使用化粪池，主要用于储存，化粪池上加盖，便于将处理后的粪便污水随时取出用于种植，生活污水得到充分的回用。养殖型村庄指居民主要从事畜牧业的村庄，此类村庄的生活污水主要来自养殖粪便废水，养殖废水有机物含量非常高，需要针对性的设计处理工艺，经充分的厌氧处理。旅游型村庄以其独特的自然条件或人文特色，吸引游客聚集，交通便利，此类村庄生活污水主要来自餐饮业，污水集中排放量大，且根据当地旅游的淡、旺季有明显的排放规律，污水中油脂含量高，通常集中处理。生态型的村庄生活污水大多来自日常生活用水，一般的污水就地处理设施基本可以满足其污水污染治理，根据村庄居民的居住情况，生态型村庄的生活污水处理因地制宜使用分散型处理和集中式处理。

表3-3 不同村庄类型农村生活污水分类比较

污水分类	污水特点	处理情况
工矿企业型村庄生活污水	本底值高，污染物含量高，对环境危害大	集中处理，需要专业的污水处理设施处理达标后排放
耕作型村庄生活污水	排放量适中，成分含量根据经济条件有差异	化粪池处理，处理后作为肥料用于耕作
养殖型村庄生活污水	排放量大，有机物含量高	分散或小集中处理，使用沼气池，沼气池废水需使用适宜的污水处理工艺
旅游型村庄生活污水	排放量大，有机物含量高	集中处理
生态型村庄生活污水	排放量适中，污水成分含量根据经济条件有差异	分类型因地制宜处理

二、农村生活污水质量特征

农村生活污水的排放一般没有固定的排污口,排放较为随意,污水水量水质与城市污水存在较大差异。农村生活污水的水量水质一般存在以下几个方面的特征。

1. 污水比重逐年增加

《2015—2020年中国污水处理行业运行态势及投资战略研究报告》数据显示,截至2013年年底,全国污废水排放总量达到775亿吨,全国废水排放总量为695.4亿吨,其中,城镇生活污水排放总量为485.1亿吨,占废水排放总量的69.8%。随着我国城镇化进程的不断推进,城镇生活污水排放量将会持续稳步增长,成为废水排放量的主要来源,农村生活污水治理刻不容缓。

2. 水量、水质变化大

农村生活污水的排放一般在早上、中午和晚上各有一个高峰期,其他时间段基本无用水和污水排放,一天之中水量变化较大。农村生活污水的排放量与农村村民的居住区域、经济水平、生活习惯、季节等因素有关。经济水平较高的地区,配备有洗衣机、太阳能热水器、冲水马桶等,用水量、污水排放量大大增加;夏季用水量和污水排放量较冬季高,但污水水质条件较冬季稍好。同一地区的村民因生活习惯、经济条件的不同,厨余污水水质差异较大,洗涤污水水质较为接近。

3. 周期性变化

农村生活污水在控制其他因素不变的条件下,同一季节的日用水量基本稳定,水质基本不变。随着季节的更替,生活污水的水量和水质呈现周期性变化的特征。

三、农村生活污水排放特征及途径

目前,我国农村村民生态环境保护意识较为薄弱,绝大多数农村生活污水处于随意排放状态，农村村民洗衣、洗菜等污水大多就近随地排放，没有基本的污水收集管网，生活污水直接自重式汇流进入附近池塘、沟渠等水体，对村庄周边生态环境造成一定污染。

农村生活污水排放具有以下几点特征。

一是农村生活污水排放涉及范围广，遍布各家各户，根据地形条件的不同，绝大多数以单个村落为一个集中区，整体分布较为分散，大多不具备完善的污水收集系统以及配套的污水处理设施。村民大多以一家一户为一个收集单位，以明渠或者暗管的形式排放生活污水至附近水体和化粪池。

二是由于农村村民日用水量较城市低，污水排水量较小，用水高峰期主要是早、中、晚饭时，一天之中的其他时间用水量很小，所以农村生活污水排放量小，但日变化系数大。

三是农村生活污水以生活污水为主，主要含各种有机物、油脂类物质、悬浮物、氨氮等，污染物浓度相对较低，属于轻度污染，可通过生化处理实现达标排放，用于附近农田灌溉。

第二节　农村生活污水处理技术

我国在农村生活污水处理方面开展研究较晚，但近年来，随着经济实力的增强，尤其是发达省份在经济发展到一定阶段以后，逐步认识到农村生活污水处理问题的重要性，并开始采用一些实用、合理、低能耗和低运行费用的技术来处理污水。主要有以下一些处理技术。

一、净化槽污水处理技术

净化槽技术作为一种比较笼统的名称，本质上是由一系列单元处理工艺所构成的技术组合。从日本各主要厂家生产的净化槽来看，采用的主要工艺包括厌氧过滤、接触氧化、活性污泥、膜处理和消毒工艺，也有一些工艺采用了在生化反应单元内投加有效微生物（EM）菌液，用强化系统内微生物作用的方式来增强处理效果。净化槽运行过程中，污水从槽的一端进入系统，污水内悬浮物的去除是通过内部的沉淀分离室来实现。它对污水起预处理作用，主要沉淀无机固形物、寄生虫卵及部分悬浮有机物，以减轻后继生物处理工艺的负荷。经过沉淀分离后的污水可以进入厌氧分离室，也可以直接进入好氧生化处理室。

二、氧化塘污水处理技术

氧化塘是在自然池塘基础上发展起来的，结构简单，易于维护，基建费用低，无设备运行费用，但氧化塘占地面积大。该工艺适用于经济欠发达、水资源短缺、规模较小且拥有自然池塘或闲置沟渠地形的村庄。氧化塘技术多用于南方，在北方也有应用，但基建投资与运行费用高于南方，且冬季氧化塘对污水处理效果降低。进入氧化塘的污水应先经化粪池或沉淀池处理，去除污水中的悬浮物质，污水经氧化塘处理后可用于农田灌溉、环境绿化等。在环境要求较高，经济条件较好地区可在氧化塘前加自控 A/O、A^2/O 或 SBR 处理工艺。

三、厌氧沼气池处理技术

在我国农村生活污水处理的实践中，最通用、节俭、能够体现环境效益与社会效益结合的生活污水处理方式是厌氧沼气池。它将污水处理与其合理利用有机结合，实现了污水的资源化。生活污水净化沼气池作为一种小型分散化污水治理装置，具有投资少、效果好、运行无需能源支持等特点。污水沼气利用小型生活污水净化沼气池应用常温厌氧发酵技术，按照"多级自流，逐级降解"的原理，建立Ⅰ级厌氧发酵——Ⅱ级兼性消化过滤的新装置。它由厌氧发酵、兼性消化过滤、污水回流和填料等工艺组成。

四、人工湿地污水处理技术

人工湿地污水处理技术为生态处理工艺,该技术在欧美等国应用较多,主要用于处理小城镇或社区的生活污水。近年来,国内学者对湿地污水处理原理与设计参数也进行大量的研究,湿地系统人均建设费用为250~300元,仅为传统工艺建设投资的1/3,运行成本主要为提升水泵所消耗的电费,为0.05~0.1元/吨,人工湿地污水处理技术是适合我国国情的污水生态处理技术。人工湿地具有结构简单、投资小、易于维护和运行费低等特点,适用于地势平坦、坡地、居住相对集中的中、小村庄。通过管网将各户经沼气池、化粪池、格栅井收集处理后的生活污水,通过人工湿地系统进一步处理后,直接排放或回用灌溉农田,水质达到国家污水二级排放标准。

五、一体化地埋式污水处理技术

一体化地埋式污水处理系统是近两年来应用较多的小型污水处理工艺,该工艺以厌氧生物处理为主,后接兼性生物滤池,系统类似 A^2/O 工艺。主要由水解沉淀池、生物滤池和接触氧化槽组成。该工艺具有抗冲击性强、能耗低、活性污泥产量少、污水处理效果好等优点。但处理污水量不易过大,而且工程施工要求技术较高,反应器的材质有纤维玻璃钢、钢板和混凝土。反应器主体可埋置于地下,也可置于地上,随动性较大。反应器埋置地下,受低温天气影响较小,而且地表可绿化美化环境。该工艺建设费用为350~400元/人,基本无设备运行费用。适合经济基础较好、人口相对集中的中、小农村和分散饭馆、酒店等。一体化地埋式污水处理技术主体为一体化结构,由缺氧池、生物滤池和沉淀池三部分组成,全部由钢板焊接而成。

第三节 农村生活污水治理模式

一、我国农村生活污水处理的主要模式

我国幅员辽阔,地域广泛,分布着多种农村区域类型。因此,复杂的自然条件与发展历史所产生的村落差异,使得"分类指导"成为农村生活污水处理的关键。基于此,根据村落地形条件、农户分布及风俗习惯等特征,可将农村生活污水处理模式划分为城乡统一处理模式、村落集中处理模式和农户处理模式。

(一) 城乡统一处理模式

城乡统一处理方式是指邻近市区或城镇可铺设污水管网的村落,当污水收集后接入邻近的市政污水管网,由城镇污水处理厂统一处理。该方式在村庄附近无需就地建设污水处理站,具有较高的经济性。但对村落条件要求高,适用于两种类型的村庄:一是村落内市政污水管道直接穿过;二是生活污水可依靠重力流直接流入市政污水管网,且距离市政污水管网 5 千米内的城市近郊村庄。有些学者认为,在合理的条件下城乡统一处理最具经济性,农村生活污水处理应按照"集中收集污水接入城镇污水管网处理——集中收集污水就地处理——分散处理"的次序进行选择。相比于其他模式,城乡统一处理的优势在于处理效果最具保证、水量水质变化对工程影响小、工程生命周期长、管护方便等,但是一旦村庄距离的市政管网较远或是村庄人口较少,城乡统一处理将会产生很高的管道建设费用,使这种模式仅局限于距离市政污水管道较近的农村地区。

(二) 村落集中处理模式

村落集中处理模式针对村庄农户居住集中、全部或部分具备管网铺设条件的村落,也是我国农村生活污水处理中普遍应用的方式,通过在村庄附近建设一处农村生活污水处理设施,将村庄内全

部污水集中收集输送至此就地处理。就我国广大农村区域而言,某些村落生活污水无法集中纳入市政管网,村落之间呈连片或独立分散分布,地势平坦,人口居住较为集中,该方式能够满足现阶段大部分需要建设处理工程的村落特征,成为当前国内外处理生活污水的新理念。该模式需要一定的基建费用以及日常维护工作,适用于距离城市管网较远的农村居民集中居住地和居民小区生活污水的收集和处理。

村落集中处理模式采用的工艺大致可归纳为以下3类:第一类是城镇污水处理厂小型化工艺(A类工艺),是指预处理+成熟的生物处理技术,其中成熟的生物处理技术包括活性污泥法(包括各种好氧和厌氧组合工艺)、生物膜法、氧化沟法、SBR工艺等。第二类是土地处理系统工艺(B类工艺),又分为沟塘技术和土壤技术。沟塘技术包括氧化塘(稳定塘)、地表漫流系统、表面流人工湿地等;土壤技术包括慢速渗滤系统、快速渗滤系统、地下渗滤系统、水平潜流湿地、垂直流湿地等。第三类是一些村庄的示范工程采用两组工艺的组合的方式进行污水处理,即A+B类工艺。

(三)农户分散处理模式

农户分散处理模式主要针对于当前无法集中铺设管网或集中收集处理的村落,在这种情况下对污水处理有两种方式:一是在农户自身庭院内建设污水处理设施或采用移动污水处理车进行污水处理,从而达到净化水质的目的。这种处理方式适用于居住较为分散的山区,由于农户居住分布较远,管网建设费用较高,加上村落规模较小,仅由几户构成,且临近没有污水处理站。二是运用污水运输车将农户污水统一输送至就近污水处理站。这种方式适合在农户居住附近具有污水处理站,虽然无法铺设管网,但是可联合其他农户集中处理污水。

分散处理技术与模式在国外发达国家应用普遍,多采用土地处理系统的方式进行农村生活污水的处理。包括在线处理系统和群集处理系统两大模式，分别用于处理农村地区一户或几户产生的生活污水。比较有名的有日本小型净化槽技术、澳大利亚的非尔脱污水处理系统等，能取得较好的处理效果。日本甚至为分散污水处理专门设立了《净化槽法》，明确规定净化槽适用的范围，维护、清扫、检查的责任和标准。目前，国内虽然对分散处理技术与工艺的介绍较多，但新型分散处理技术在农村的实际应用却很少。分散式的模式有施工简单、布局灵活、运营费用低廉、管理便捷适合村民自行管理等优势，但在另一些地区却表现出高成本的劣势。成功推动分散式的污水处理模式同样需要政府的补贴和市场化的服务支撑，而服务市场的能否有效建立又取决于需求的规模。目前，我国仍缺乏家庭分散型污水处理设施的建设使用规范，更加剧了分散性处理不普及和高成本的现状。

二、我国农村生活污水处理设施的运营模式

（一）管理外包模式

管理外包模式是指政府拥有污水处理设施所有权，将设施的运营管理权转让给私人单位。该模式的运营维护管理费用由政府财政或用户承担，主要包括村民自主管理模式、政府自主管理模式、委托运营模式。

该模式的适用范围如下。

（1）政府不急于转让设施获得资金，或者地方难以寻求环境服务商。

（2）污水处理设施已经建成，且较为分散、规模较小、经济实力较差的地区，如独户、散户、单村。

该模式的优点如下。

（1）此类模式政府拥有所有权，因而调控能力强，便于污水处理设施的监督管理。

（2）私人或承包单位只拥有污水处理设施的运营管理权，因

此承担的各种风险较小。

(3) 所需的运营管理资金比较少。

缺点：此类模式相对于特许经营模式和私有化模式来说，污水设施的运营管理效率较低、处理效果较差。

1. 村民自主管理模式

村民自主管理模式是政府按"谁受益、谁负责"的原则，将污水处理设施运营管理权移交给行政村，由县级政府筹集资金、指导管理、绩效考核，乡镇政府落实资金补助、设施检查等工作，行政村村干部或村民是设施运营管理的落实主体，直接负责设施的管护工作。

该模式的适用范围如下。

(1) 水质生化性好、环境敏感程度较低或有临时处理污水需要的地区。

(2) 设施运营管理相对较简单，且村民环保意识较强，同时文化程度相对较高，具备一定的污水处理设施管理知识。

该模式的优点如下。

(1) 由村民负责设施的日常管理，所用资金相对较少。

(2) 行政村是设施运营管理的落实主体，有利于加大村干部对设施运营管理工作的重视，提高村民及村干部对本地环境问题的关注度。

该模式的缺点：村民缺乏相关的专业知识，对设施运营管理存在盲目性，设施在运行过程中出现的问题，不能及时发现和解决，导致管理效率低下。

2. 政府自主管理模式

政府自主管理模式是指政府担当污水处理设施的运营管理主体，成立专职部门统一对外公开招聘专业管理及维修监管人员，根据设施的数量、规模、工艺复杂程度等实际情况，确定管理队伍、维修队伍及监管队伍的人员组成，统一对辖区内的设施进行分类管理。

适用范围：对出水要求相对较高，能寻求到污水处理专业人才的分散村庄。

该模式的优点如下。

(1) 处理效率优于村民自主管理模式，所需资金低于委托运营模式。

(2) 对运营管理队伍要求较高，设施运营管理包括管理、维修及监管三部分，有利于提高管理队伍的专业水平。

该模式的缺点如下。

(1) 所需资金高于村民自主管理模式。

(2) 运营管理和考核工作均由政府负责可能会出现执行效率低的问题，降低监管效果。

3. 委托运营模式

委托运营模式是指政府将污水处理设施运营管理权托付给具有运营资质的水务公司，由其承担设施的运营管理，包括建立管理制度、培训管理人员、定期检测、检修等内容，政府负责监督考核，定期检查设施的运营情况。政府依据运营与管理是否达到合同要求目标进行付费。

该模式的适用范围如下。

(1) 对出水要求较高或者环境较为敏感的地区。

(2) 地方经济实力较好，能寻求到有经验的专业化队伍和运营机构。

该模式的优点是如下。

(1) 使设施得到相对专业的维护管理，确保设施的稳定运行。

(2) 可以减少政府工作，使政府有更多精力进行监督管理。

(3) 水务公司可以从政府获得稳定的服务费，承担的经济风险较小。

(4) 此种模式服务年限短，退出机制也较为简单，便于发挥竞争机制。

该模式的缺点如下。

（1）水务公司仅通过服务收费，收益率相对较低。

（2）相对于前两种处理模式，此种模式需要较大的资金支持，政府在资金方面的压力相对较大。

3种管理外包模式的管理主体及所需资金、运营管理效率比较见表3-4。

表3-4　3种管理外包模式的管理主体及所需资金、运营管理效率比较

管理模式	管理主体	所需资金	处理效率
村民自主管理模式	村干部或村民负责日常管理；政府监督考核	最少	最低
政府自主管理模式	政府组建专业维护管理队伍负责运营管理及监督	比村民自主管理模式多，比委托运营模式少	比村民自主管理模式低，比委托运营模式高
委托运营模式	受委托的专业公司运营维护管理；政府监督考核	最多	最高

（二）特许经营模式及永久私有化模式

特许经营模式是指政府与水务公司按照特许经营协议，在协议期内由水务公司来负责污水处理设施的建设或运营管理，在协议期满后将污水处理设施转移给政府部门，主要包括BOT、TOT、DBO模式。

私有化模式是指政府将污水处理设施的所有权永久地转让给水务公司。此类模式的所有权属于水务公司，政府主要职责是监督，典型的私有化模式有BOO模式。

适用范围如下。

（1）地方经济较为发达，且环境服务商较多。

（2）污水排放量大、出水要求较高，处理技术复杂、投资费

用高的地区，如规模较大且较为集中的乡镇或者新型农村居民社区。

（3）需要永久性处理污水的地区。

优点如下。

（1）不仅可缓解政府资金不足的压力，而且环境服务商可通过投资为剩余资本找到投资途径，获得可观的投资收益，使社会资金得到合理有效的利用。

（2）提前建成政府无力投资的设施并发挥作用，改善村民居住环境。

（3）通过招标或专项委托确定环境服务商，可以引进具有先进经营管理机制和先进处理设备及工艺的企业，提高运营管理效率。

（4）通过提供污水处理服务来回收对项目建设的投资以及获得项目运营带来的收益，因此水务公司会更加重视成本控制和风险管理，在确保使用质量的情况下会缩短项目的建设周期，降低经营成本。

（5）水务公司通过合理的收费进行项目的资金回收，确保了利润的实现，使水务公司建立了一套有利于其发展的机制，使其自主经营，在财务上能够实现自给的良性循环，规范了污水处理行业并促进其健康发展。

缺点如下。

（1）这两类模式项目的投资回收期较长，一般是 10~30 年，增大了政治、金融、技术等各项风险系数，使得投资回报难以预期。

（2）这两类模式在农村的应用尚处在探索阶段，主管部门在其项目立项、方案选型等前期准备工作缺乏经验，可能会影响该项目的建设工期。

（3）政府若没有有效的指导、约束和监管，这两类模式会成为环境服务商钻政府政策漏洞来牟取暴利的方式手段。

（4）水务公司为了提高利润，可能会提高服务收费，给村民带来经济压力。

1. TOT 模式

TOT 模式即转让—经营—转让，指政府将已经建设好的污水处理设施的特许经营权有偿转让给水务公司，由后者负责设施的运营管理，收回所有投资并获得一定回报，在特许期满后，将全部设施无偿移交给政府部门，这种模式特许期一般为 20~30 年。

该模式的适用范围如下。

（1）已经建设好的有收费补偿机制的污水处理设施。

（2）政府部门计划转让设施经营管理权以获得资金。

该模式的优点如下。

（1）水务公司不参与风险较高的建设阶段，所以承担的项目风险大幅度降低。

（2）由于项目收益已步入正常运转阶段，水务公司能较快取得利润。

（3）政府不仅可收回建设投资，偿还设施建设债务，并且每年还可以省去较多财政补助。

（4）TOT 模式只涉及项目经营权的转让，避免产权、股权之争，也可消除因股权、产权变更而出现问题的隐患，因此较易推广。

该模式的缺点如下。

（1）TOT 模式投资回报率略低于 BOT 模式。

（2）水务公司接手的是正常运营的项目，根据运营收益情况进行报价，因而不能随意压低价格，否则未来想要调价将面临极大的阻碍。

（3）项目经营权移交给水务公司之前或特许经营期满移交回政府之前，当期管理者很可能为了自己的利益过度使用厂房设备等项目资产，维修保养工作没跟上，导致项目资产寿命减小，造成了浪费。

2. BOT 模式

BOT 模式即建设—经营—转让，指政府将污水处理设施建设和运营管理权转让给水务公司，由其负责设施的融资、设计、建设、运营维护。水务公司通过向使用者收取费用，收回成本并取得利润，特许期满后再将项目无偿移交给政府，这种模式特许期一般为 10~30 年。

该模式的适用范围如下。

（1）政府资金缺乏，环境服务商又难以筹划的建设项目。

（2）投资额度大、期限长、管理难度大的项目。

该模式的优点如下。

（1）政府不参与项目的建设，而用污水处理费以及少量财政预算分期支付给水务公司，因此承担的项目风险和资金压力相对较小。

（2）对于水务公司而言，不仅有污水处理费，而且又有政府补贴以及项目贷款、土地价格等优惠，保证了水务公司收回投资，并获得利润，投资回报相对稳定。

该模式的缺点如下。

（1）水务公司要负责设施建设，因此承担的项目风险较高。

（2）BOT 模式投资者所要求的利润会远高于 DBO 模式运营商要求，所以政府为 BOT 所付出的代价较 DBO 模式高。

（3）参与 BOT 模式的政府和水务公司之间缺乏有效相互协调机制，各参与方可能过分着重各自的短期利益，相互之间以牺牲其他参与方的利益来使自身利益达到最优，影响社会总收益。

3. DBO 模式

DBO 模式即设计—建造—运营，指由政府筹集建设资金后，与招标确定的水务公司签订特许经营合同，负责对项目进行统一投资、设计、建设、运营管理，水务公司通过向使用者和政府收取费用，收回成本并取得利润，特许期满后将设施无偿移交给政府，这种模式特许期10~20年。

该模式的适用范围如下。

（1）政府具有较强的融资能力。

（2）地方能寻求到专业的环境服务商。

该模式的优点如下。

（1）DBO模式具有单一责任主体特点，强化了项目运作的统一指挥，有利于控制运维管理及节约全生命周期成本，提高运营效率，并且使项目质量得到保证。

（2）水务公司不需要融资，而且可以在运营服务期内得到合同中约定的固定回报，而不用担心物价的波动，这可以为水务公司提供稳定的现金流，减少了资金风险。

（3）政府与水务公司两者是一般的"提供服务合约"关系，因此只要政府在招标之前尽量减少不确定因素，招标失败的风险就会降低。

（4）由于水务公司与政府法律关系清晰，便于发挥政府监管作用。

该模式的缺点如下。

（1）水务公司没有设施所有权，很难达到质量与效率的最大值。

（2）政府具有融资风险、财务风险、通货膨胀风险。

4. BOO模式

BOO模式即建设—拥有—运营，指政府部门将污水处理设施的建设及运营管理权永久转让给水务公司，并在合同协议中注明保证公益性的约束条款，政府负责管理和监督。

该模式的适用范围如下。

收益不高，需要提供较多财政优惠的新建水务项目。

该模式的优点如下。

(1) 通过制定合理的污水收费及中水回用价格,并在土地价格、税收、电费等方面给予优惠政策,保证水务公司的收益。

(2) BOO模式的投资、产权归属和运营责任都属于水务公司,对项目的意识、理解、认知程度好,不存在扯皮问题,可把质量控制和运营管理做到最好。

(3) 永久私有化模式,更加有利于水务公司更加高质量地建设、运营和维护设施,降低污水处理成本,提高运营效率。

该模式的缺点如下。

(1) 项目运营过程中的经济风险和环保社会责任全在私人部门,水务公司承担的风险较大。

(2) 当水务公司出现经营问题或者倒闭时,污水处理设施项目可能会被停止,造成了资源的浪费。

第四节 农村生活污水治理现状及对策

一、我国农村生活污水治理面临的主要困境

(一) 污水处理厂建设规划不科学,设计不合理

一是污水处理厂建设规模不够科学。目前我国农村生活污水处理厂设计规模多是按照乡镇总体规划的人数和污水产生量确定,但近年来我国农村人口流出多,进入管网的生活污水很少,导致实际用水量远远小于设计水量,污水处理厂负荷率偏低。调查显示,目前很多省份大多数污水处理厂污水量仅达日处理规模的40%左右。

二是盲目追求建设规模,造成"大马拉小车"现象。调查发现,有些地方为提高污水处理率,不考虑农村分散居住、居住集中度低、逐步空心化等现实情况,片面建设,有的村庄一两户就建一个处理设施,有的村庄仅有几户,但仍建一段长距离管网来接入。还有些地方盲目追求建设规模,污水处理设施建成后因运营费用过

高、无法承担而闲置,造成巨大浪费。

三是规划编制与设计未考虑当地实际情况,设计不合理。调查发现,很多地区在农村生活污水处理建设中普遍存在有管网、有设施、没污水(化粪池不防渗);有管网、没设施(污水收集后直排);有设施、没管网(设施闲置)等诸多问题,导致污水处理厂的作用不能有效发挥。

(二)污水处理工艺选择不合理,配套管网建设薄弱

一是缺乏农村生活污水排放标准。目前很多地区没有针对农村生活污水的排放标准,各地大多参考城镇污水处理厂污染物排放标准。有些地方甚至认为处理工艺选择越"高新"越好,出水水质标准越高越好。调查中发现,一些村选用的膜生物处理工艺,虽然出水水质标准很高,普遍可达到冲厕所等优质中水回用标准,但其吨水运行费用高达6.0元/吨,而通常农村的中水回用需求多是满足于灌溉或果园浇灌而已。

二是照搬城市污水收集处理方式与技术模板,选择不合理。有些地区按照城镇污水处理设施的规范要求,直接套用大型污水处理厂处理工艺,但建成后发现由于缺乏有经验的操作人员,或第三方运维公司认为性价比较低不予维护,导致相关设施缺乏维修,进而不运行或少运行。

三是盲目追求高技术含量,不切实际。有些地区单纯为了追求"技术含量",探索引进了国外一些先进的治理技术和设施。这些基础设施不但建设成本昂贵,而且在运行过程中存在着很大的不确定性和风险性。

四是配套管网及工程质量问题比较突出,多数污水处理厂"建而不用"。目前,村庄配套的污水管网建设已经成为农村生活污水处理的一大薄弱环节,存在着仅部分农户生活污水接管、污水管网渗漏严重、污水管网未考虑地势、设计不合理等一系列问题。

(三) 运行管护资金短缺，多元化资金保障机制不健全

一是治理资金缺口大，设施运行资金稳定性差。调查过程中，许多地方管理者反映，与城镇污水处理相比，农村生活污水治理的建设资金缺口大，经费来源稳定性较差，设施运行管护资金匮乏问题十分突出，地方参与农村生活污水治理的积极性不高。

二是建设和运维经费渠道来源单一。目前很多地区农村生活污水治理经费来源主要为财政补贴和自筹两种形式，难以满足农村生活污水治理需求，尤其是分散处理设施的建设和运营管理。国内外经验表明，分散处理设施建设资金来源中，省级补贴一般占30%，市、县资金占50%，镇（乡）资金占20%，但是在部分地区，镇（乡）资金比重高达60%~70%，资金严重短缺，"建得起、用不起"或"建不起、更用不起"的现象十分普遍。

三是运行维护经费不到位，农村生活污水处理设备普遍存在"晒太阳"的尴尬现实。从前几年已建成的农村生活污水处理工程来看，总体上只保证了建设资金而不保证运维资金。由于缺少运维资金、村民缺乏污水设施管理的专业知识等原因，很多污水处理设施处于零维护状态，设施停运、湿地堵塞及杂草丛生、管道破损等现象屡见不鲜。调查显示，90%以上的村民担心运行费用成为负担，希望由政府出资，他们只愿意承担吨水0.1~0.2元的运行费用。

四是多元化资金保障机制仍不健全。目前农村生活污水处理主体仍以政府投入为主。虽然有些地方通过政府购买公共服务形式，委托第三方有资质的企业建设和运营，但从全省范围来看，企业用于农村生活污水处理投入偏小，农村生活污水处理市场主体和市场发育滞后。

（四）村民参与积极性低，主体作用未发挥

一是村民环保意识薄弱。农村厨房污水和洗涤污水直排现象突出，有些甚至在治理设施的人工湿地或处理池堆放垃圾或种植其他作物。村民对于生活污水治理效益没有直观感受，认为污水治理是

政府的事,生活污水治理的主观需求不高,参与整治的自觉性和主动性低。

二是村民对生活污水治理的知晓率低。调查表明,仅有11.3%的村民知道政府正在推行生活污水治理,8.9%的村民知道自己所在的村庄"有宣传并正在做生活污水治理"。

三是村民主体地位缺失。许多地方在农村生活污水处理上一直采用的是"自上而下"的决策机制,村民主体地位缺失,甚至有部分村民认为"农村生活污水处理项目是政府花冤枉钱,搞政绩工程,劳民伤财""政府干、村民看"的现象比较普遍。

四是项目透明性差,村民参与积极性低。调查过程中,不少村民对高昂的农村生活污水处理装置建设费用提出质疑,强调对农村生活污水处理资金进行高效和透明使用。有些村民还反映在农村生活污水处理项目建设中存在统一包办、一刀切的官僚作风。例如,有些村统一发放价格不菲的马桶,但马桶的质量却不过关。有些村不管是否已经建有化粪池,统一重建,但所用的材料质量低下,使用寿命难以保证。

(五)行政管理主体与权责不清晰、运行管理机制缺乏

一是行政管理主体与权责不清晰。大部分地区尚未明确集中处理和分散处理的村庄类型和管理边界,农业、住建、水利、水务多"头"管理农村生活污水,建设、运维、监督主体责任不明确,部门分工不明确,设施建设、运行、监管相互脱节,设施运行不足、停用闲置问题突出。

二是尚未建立完善的规章管理制度。大多数污水处理厂运行不够稳定,污泥未进行规范化处理处置,个别污水处理厂甚至没有基本运行记录,与制度化、规范化运行管理和监督管理还存在一定差距。

三是缺乏专业维护人员,运行维护管理水平低。目前大部分地区缺乏专门的基层管理机构和专业的技术管理人员,大部分设施由

村民自行维护，管理及技术能力不足，导致已建成的处理设施运行维护和管理水平较低，一些设施甚至处于"零管理"状态，"晒太阳"的情况也屡见不鲜，低效运营甚至失效。调查显示，目前有些地区已建成的农村分散污水处理设施的有效运行率不足20%。

四是缺乏综合考评机制和行政问责措施。对于设施建成投运、规范稳定运营、定期监测考核等无综合考评机制，无相应的奖惩措施，没有实施严格的行政问责措施，导致建管脱节，污水处理设施建好以后不能有效运行，甚至天天"晒太阳"也无人问。调查发现，部分地区把建设好的设施移交给村委会自行负责运营管理，而村委会是群众组织，即使管理不善时，也难以落实考核评价责任。最后，由于种种原因使得相关治理设施正常运转率低，造成了财力物力的极大浪费。

二、我国农村生活污水治理的对策建议

（一）重视规划引导与制度规范，避免重复建设

一是重视规划引导，制定统一的县域农村生活污水治理规划。要以城乡区域统筹为原则，结合镇村布局规划，优化农村生活污水治理专项规划，环境敏感区域和规模较大村庄优先，突出镇村布局规划确定的规划发展村庄和撤并乡镇集镇区所在地村庄的生活污水治理，编制农村生活污水治理专项规划；树立低碳生态理念，结合农田灌溉回用、生态修复保护和环境景观建设，注重水资源和氮磷资源的循环利用。有条件的地区应将村庄生活污水治理与村庄生态文明建设、生态农业发展紧密衔接。

二是形成部门合力，避免重复假设。进一步明确环保、农业和卫生等各相关部门的职责，加强相关部门间的衔接，形成合力。加强相关资金的整合，建设时间安排的无缝对接，促进农村生活污水处理主体工程与配套管网建设、化粪池改造、准化粪池等有序建设，避免重复建设，多次建设。

（二）制定差异性的排放标准，规范污水处理工艺

一是制定差别化的农村生活污水处理排放标准。对于生态环境敏感区、饮用水水源保护区，排水去向为水库、湖泊等需特殊保护的水体时，必须执行严格的排放标准，如《城镇污水处理厂污染物排放标准》中一级A标准值。若处理后尾水用于农田灌溉等水资源利用时，宜科学、客观地制定排放标准，以适应农村农业用水的相关要求。尤其在氮、磷的处理上，可考虑放宽其排放限值。因为农田灌溉水中以适当形式存在的氮、磷可作为肥料。同时，在旅游业较发达地区，针对含有农家乐、饭店等餐饮废水的农村生活污水处理设施，应强化隔油池效果以及对氮、磷的去除力度，并增设油脂与阴离子表面活性剂等控制指标。

二是提供技术支持，编制技术规范案例。委托对农村生活污水处理技术有较深研究和应用经验的科研院所、大专院校、环保公司等单位，开展技术总结、技术培训、技术引进等工作，编制《江西省农村生活污水处理示范工程实例汇编》，对相关的环保管理人员、乡镇干部、污水处理设施使用者及运维人员进行有针对性的培训。

三是基于不同区域或自然条件，采取不同的处理工艺。城市周边乡镇可以纳入市政污水管网，集中统一处理；人口密集、污水量大的乡镇，采用集中污水处理模式；管网建设受地形条件限制的乡镇，可结合实际情况，采用相对集中式污水处理模式。对有条件的村庄可因地制宜，采用集中处理、集中与分散相结合处理模式。其他村庄以分散处理为主，通过分户式、联户式办法，采用装配式三格化粪池等简易处理技术，就地进行生态治理。积极开展县域乡镇污水治理，探索建立县域项目打包、社会投资运营、政府考核付费等乡村生活污水治理模式。

（三）创新投入运行机制，积极培育发展市场主体

一是加大对管网和运行维护费用的投入。如果是以村庄单位集中的农村生活污水处理工程，其管网投资占到工程总投资的一半甚

至 2/3 以上的情况相当普遍；而运维费用方面，绝大部分地区均没有经费保障来源。因此，除加大主体工程建设投入以外，建议对管网和运行维护费用进行适当补助，制定相应的补助政策，逐步从"补建设"向"补建设和运营"，从"前补助"向"后奖励"转变。

二是创新资金筹措机制。建立财政支持、社会参与、使用者付费相结合的资金筹措与分担机制。可以借鉴湖北省的做法，通过省级转贷政府专项债券，用于支持乡镇生活污水处理设施建设。同时，对建成后投入运营的乡镇生活污水处理厂，根据在线监测考核运营情况，通过一般性转移支付给予一定的运营补助。

三是培育发展市场主体。推动政府通过委托、承包、采购等方式向社会购买农村生活污水处理服务，推动乡镇生活污水处理设施建设 PPP 模式的发展。创新建设运行模式，鼓励以县为单元，通过城乡统筹、建管一体、厂网一体、供排一体、授予开发经营权等方式，吸引市场主体投入。

四是探索农村生活污水治理收费制度。建议在建有农村生活污水处理项目的地区，在自来水费中增加排污费这一项，并保证专款专用，将其直接用于农村生活污水处理项目的运行和管理。

五是探索排污权交易制度，拓宽资金来源。水环境治理任务较重的地区，可引入点源污染和非点源污染交易制度，显化农村生活污水处理的经济效益。在此基础上，鼓励采用 BOT、TOT 等方式，逐步提高市场化筹资比例。

（四）培养村民参与意识，发挥村民主体作用

一是加强宣传，提高村民参与意识。有针对性地开展环境保护相关的宣传培训，采用典型案例分析、趣味活动等方式让村民知晓农村生活污水治理的重要性。

二是促进农村生活污水处理项目信息的透明与公开。逐步建立农村生活污水处理信息平台，及时公布有关农村生活污水处理项目立项、治理技术与成本、项目建设资金使用明细、设施运行管理状况、项目运行监测结果等信息，提高农村生活污水处理项目信息的透明度，发挥社会与舆论监督作用。建立专项资金监管机制，完善资金规范使用和监管措施，确保专款专用。

三是发挥村民主体作用。建立完善农村生活污水治理重要事项的科学决策、民主决策的程序制度，切实保障村民的知情权、决策权和监督权，充分调动村民的积极性，发挥村民在农村生活污水治理中的主人翁作用。通过出台奖励制度，调动村级组织和农村居民参与设施运行情况监督的积极性，实行专业化监管与社会化监管相结合。

（五）明确责任主体与主管部门，探索设施长效运行机制

一是改变农村生活污水"没人管"状况。以县（市、区）政府作为责任主体，由省级政府根据农村人口数量、经济发展水平、重要水体分布等因素，确定县（市、区）农村生活污水减排目标，纳入地方政府考核体系。

二是建立运营监管机制。严格按行业主管部门提供的农村生活污水治理设施运行技术规范、监管标准和有关措施，规范治理设施的运行管理，并把确保已建设施的正常规范运行纳入各单位工作责任目标考核体系。

三是制定考核机制。建立以污水治理设施的按期建成投运、规范稳定运营、定期监测考核等为主要内容的综合考评机制，实施严格的行政问责措施。污泥处理处置设施纳入乡镇生活污水处理设施同步建设。

第五节　农村生活污水治理案例

一、浙江台州黄岩：打造农村生活污水治理样板

2013年以来，浙江省台州市黄岩区按照省委、省政府"五水共治、治污先行"的决策部署，凝心聚力，攻坚破难，结合村庄

整治和美丽乡村建设，实行"四个三"模式，全面打响农村生活污水治理攻坚战，计划用3年时间，投资12亿多资金，努力重现黄岩绿水青山美景。

（一）经验做法

1. 坚持3个导向，全面掀起污水治理新高潮

一是坚持责任导向，变"要我治理"为"我要治理"。建立起农村生活污水治理"区级牵头、统筹协调，乡镇实施、分解落实，村级配合、协调建设"的层级责任机制。制定了黄岩区农村生活污水治理实施意见、验收办法、实施细则、资金管理办法、考核办法等政策文件，明确组织体系、政策体系、资金体系、项目体系和责任体系，全面推动农村生活污水治理的项目化管理。二是坚持成果导向，变"区域治理"为"全面治理"。按照一次规划、分步实施、全面推进的工作要求，制定黄岩区农村生活污水治理规划，明确各年度农村生活污水治理的目标值、技术路线图和时间表。三是坚持动力导向，变"政府治理"为"全民治理"。通过活动引导、进村入户、宣传发动等形式，集合各方力量，动员党员干部、群团组织、社会民间等志愿者全方位参与治污工作，解决了宣传、整治、监督、资金等多方难题，实现人人参与、人人监督、人人有责的局面。

2. 坚持3个突出，全域强化水源保护优先性

一是坚持提早谋划，突出饮用水源保护。2007—2013年，在长潭库区建设6个集镇污水处理厂，126个村建有"厌氧+人工湿地"生活污水治理设施，工程总投资1亿元。入库溪流生态湿地建设列入中央资金项目，已投入3 000万元，申请立项5.8亿元。二是坚持优先顺序，突出全域治理。为实现库区饮用水源保护地全域治理，黄岩区优先开展了库区40个村的农村生活污水治理，估算投入3 500万元，届时处理量将达10 000吨/天。三是坚持专业运营，突出长效治理。自2011年开始，对长潭库区已建成的农村生活污水治理设施，委托了专业运营管理公司进行运营管理，2013年度运营费用合计为121万元。

3. 坚持3个推动，全线开启项目建设加速度

一是坚持思路灵活，推动效率提高。在坚持程序管理规范的基础上，讲究方式方法的灵活性，按照"设计一批、启动一批"的思路，梯次推进农村生活污水治理，将工程设计、预算编制等施工前期准备环节有机串联，形成"流水线式"操作程序，最大程度提高效率。二是坚持督查排名，推动进度加快。建立农村生活污水治理领导小组办公室日常定期督查和区领导重点督查机制，构建项目建设进度"周统计、月排名、年考核"制度。采取量化方式计算各乡镇街道项目实施村开工率和新增受益农户完成率，对项目建设实际进度实行计分排名，确保工程顺利推进。三是坚持示范带动，推动整体提升。充分发挥"试点先行、典型引路"的作用，确定5个市级农村生活污水治理试点村和30个区级试点村，并着力打造宁溪镇"全域截污先行区"、新前街道剑山村"浙商反哺示范区"和屿头乡沙滩村"五水共治展示区"等一批先进典型，以点带面，辐射带动全区其他村治理建设。

4. 坚持3个确保

全力打造工程质量防火墙。一是坚持统筹协调，确保标准统一。在项目设计、招标采购、建设施工等关键环节，采用全域统一的办法和标准：项目设计由区统一委托4家设计单位和8家预算编制单位编制全区各村农村生活污水治理工程方案、施工图和工程预算；工程施工由区实施统一招标，要求单位具备市政公用工程施工总承包三级及以上资质；截污管材等主要建设材料由政府统一明确品牌、价格。二是坚持多维监管，确保质量可控。建立村级联络员蹲点监管、专业监理单位分段监管和质量监督部门全面监管的"点线面"立体监管联动机制，并结合工程特点，实施"阳光监管机制"和"项目跟踪审计机制"等监管方法。同时，编制《黄岩

区农村生活污水治理工程作业指导书》，指导各乡镇街道开展日常监管，明确了原材料进场验收、关键工序施工、隐蔽工程质量等环节的监管要点。三是坚持长效管护，确保工程实效。根据污水治理设施的工艺流程、技术特点、处理规模等情况，采用村级组织自我运行维护、委托专业公司运行维护等多种模式，确保农村生活污水治理设施正常运行。

（二）模式成效

目前，该区共完成412个项目村的生活污水治理工作，基本实现行政村农村生活污水治理全覆盖，累计受益农户10万多户，每年减少农村生活污水排放1 095万吨；实现长潭库区161个行政村生活污水治理系统全覆盖，每年可减少500多万吨直排进入库区的污水。此外，对已建成的农村治污设施及时跟进运维，建成农村生活污水治理设施终端420个，目前已移交终端站点182个，管网移交项目村325个。

二、浙江嵊州：科技治水惠民生

2013年，浙江省启动"治污水、防洪水、排涝水、保供水、抓节水"为内容的"五水共治"，作为全省的一号中心工作推进，力求从根本上解决水的问题。嵊州市从实际出发，充分发挥先行优势，多次主动与中国科学院对接，并于2014年达成打造中国科学院"五水共治"技术示范区的合作协议，以解决五大民生需求为主要诉求点，治理农村生活污水。

（一）经验做法

嵊州市在农村生活污水治理中主要采用的是中国科学院高负荷地下渗滤复合技术和"厌氧+兼氧"无动力过滤模式。这两种治污模式在工程建设和运维管理方面都属于经济高效型模式。从一次性投入成本考虑，中国科学院模式更适用于300户以上的村，终端工程户投入控制在1 400元以下；"厌氧+兼氧"无动力过滤模式适用于200户以下规模较小的村，户均投入900元左右。此外，中国科学院模式后期维护主要是间歇性提升泵和风机的电费，一年电费在1 000~2 000元；"厌氧+兼氧"无动力过滤模式的后期维护费用主要是格栅池的定期清掏和滤料的定期更换，滤料一般可以正常使用5~8年，且更换一次成本只需2 000~3 000元。

  嵊州市立足于中国科学院农村生活污水处理先进技术及嵊州市黄胜堂村示范点的基础上，依托专家、参谋、业务3支攻关团队推进示范区建设，并发挥专家、群众智慧巧布管网。在构建攻关团队方面，组建20人的市级专家团，分片负责质量监管和技术指导，充分发挥"传、帮、带"作用，分片结对22个乡镇（街道）和30个年度试点村。由44名乡镇分管领导和联络员组成参谋团，针对工程个案中碰到的难点问题建言献策，同时，调动各方力量，安排终端设施用地，布局各类池体位置。优选市政工程管理处最精干的6支队伍组成业务团，配合中国科学院开展终端设施土建工程，确保工程质量。在尊重百姓群众的草根原创方面，充分尊重群众意见，认真吸收群众智慧，创造应用"接挂贴跳井"的管网布局"五字诀"，达到破路少、施工易、工期短、投资省、反响好的效益。发挥本土专家智慧方面，针对嵊州山区-10℃的严寒气候导致集污管道存水弯接处结冰，堵塞管网使污水满溢，专家团研发集存水弯、隔油池、清扫口功能于一体的"一体式污水出户收集井"。经初步统计，嵊州已应用该成品井14 000余只，节约资金近300万元。

  综合考虑村庄规模、地形地貌、污水构成等因素，嵊州市大幅提升了原黄胜堂模式的适用性，并注重与自然景观的有机融合。2014年7月，嵊州市金兰村农村生活污水治理工程建成投入使用。金兰村治污工程建设是典范性样板区，经过处理的污水排入景观鱼池，金兰村利用天然池塘加配人工湿地，与古树林有机结合，建设健身休闲公园，利用终端设施地表建设美丽乡村惠民项目。金兰村治污工程建设运维有四大特色：一是优选模式，处理终端采用中国科学院高负荷地下渗滤复合技术；二是科学设计，发挥专家、群众智慧巧布管网；三是严控质量，挂钩市级专家团，规范设计监理、难点会商、建材检测等各项制度，镇村干部、热心村民、资深长者组建监督小组，联合监理单位全程监管工程质量；四是长效运维，按照"日巡查、周清通、月详查"管护制度，确保治污工程发挥惠民实效。

（二）模式效果

2014年4月，嵊州市与中国科学院达成合作协议，共同打造"五水共治"技术示范区，计划3年内建成不少于100个村的示范区，受益人口8万人以上。3年来，嵊州市采用中国科学院治理模式，治理农村生活污水的行政村达到170个，受益人口超过16万人。该市项目被列为省科技厅科技惠民计划项目，并被推荐到科技部，嵊州市成为农村生活污水治理样板示范区，为浙江省乃至全国农村生活污水治理工作提供了经验借鉴和技术支撑。截至目前，3年治理任务已基本全面完成，共计投入资金7亿多元，实际新增受益农户12万户以上，超额完成任务。优异的出水效果、突出的性价比和广泛的适用性，该模式深受参建单位和广大群众欢迎。

三、浙江淳安：农村生活污水治理已见成效

淳安的乡村是散落在千岛湖边的翡翠。翡翠虽美，却因为村民一直以来将生活污水直排的习惯，而混入了一些瑕疵。如何净化这些污浊，还千岛湖"翡翠"一湾秀水。淳安的做法是，两年内投入近10亿元，大力开展农村生活污水治理。

（一）经验做法

1. 多管齐下

为了彻底治理农村生活污水，淳安从多方面入手，确保治理工程符合三确保要求，即确保质量为先、确保建好管用、确保群众满

意。首先从政策、标准上进行完善。县治污办针对 2014 年农村治污过程发现的问题，在广泛征求各方意见建议的基础上，修改完善了工程设计规范标准、工程评标细则、运维考核办法、乡镇与企业考核办法、项目验收办法等一系列政策措施。工程的质量是污水治理的关键。淳安县对参建施工企业和材料供应商可谓"要求苛刻"。参建施工企业必须具有省内环保工程三级以上或县内市政工程三级以上资质。设计、施工、监理、运维企业和主材供应商的选定全部通过公开方式产生，施工企业中标总额度不超过 1 500 万元且不超过 8 个行政村项目，最大程度地保证了选拔工程的公开、透明、平等。同时，明确参加投标的主材企业必须提供"所有用于农村生活污水治理工程的建材都必须是质量合格产品承诺"和"质保售后无条件技术服务承诺"两项承诺。治污工程严禁转包分包。参加施工的员工必须佩证上岗、接受实名管理、参与月度考勤，施工人员月出勤率达不到 21 天的，项目经理、总监按 1 000 元/天、监理按 500 元/天扣除合同款。此外，企业还需接受相关考核，如设计企业不能全面履行合同承诺的，每次扣减 3‰设计费。

2. 创新做法

治污的过程也是一个创新的过程，淳安人通过工作实践创造了一系列高效、务实的工作法。如临岐镇的"领衔工作法"，威坪镇的"片组包干法"，界首乡的"五步工作法"。其中，现场四步工作法得到重点推广，何为现场四步工作法？一是现场确认。项目开工前，县治污办、乡镇、村委、设计、施工、监理六方单位在现场进行技术交底。通过工程例会对工程推进中发现的问题，及时调整方案并办理相关变更手续。二是现场签证。项目开工后，乡镇、监理、施工三方对每天完成的工程量进行书面签字确认。三是现场监督。对人员、安全、质量、施工及隐蔽工程进行全面监督，推广使用人脸识别系统进行考勤。同时，对于隐蔽工程和每道工序，必须拍照摄像并长期保存。四是现场验收。对隐蔽工程、主管网、接户工程、终端设施等工程重点把关,单项验收,未经验收不得进入下道工序。

(二) 模式效果

全县共建厌氧池 1 408 处,容积 63 744 立方米;好氧池 430 处,容积 38 819 立方米;人工湿地 53 050 立方米,日处理能力达到 3.4 万吨/天,污水处理能力大幅增强。通过各项治水工作的推进,目前千岛湖水域水质均符合地表水Ⅰ类、Ⅱ类,出境断面水质达到Ⅰ类,水质状况在全国湖泊中名列前茅。截至目前,淳安农村生活污水纳管率达到82%以上,受益率达到98%以上,建制村治污覆盖100%。淳安已实现"县域全覆盖、污水尽治理"。

四、广东云浮:全力打造农村生活污水治理示范区

云浮市位于广东省中西部,西江中游南岸,与广西梧州市交界,农业人口占全市人口的69%。近年来,该市牢固树立绿色发展和共享发展理念,立足解决农村发展的环保短板问题,把农村生活污水治理工作与农村综合改革、美丽乡村建设、生态文明示范村建设结合起来,大胆探索,先行先试,积极探索一条适合山区农村的治污之路,努力打造美丽幸福新农村,全面加快建设现代生态城市。

(一) 经验做法

1. 领导重视,超前谋划

高度重视农村生活污水治理工作,全面启动新一轮农村生活污水治理,市委、市政府多次召开会议进行部署,市委、市政府主要领导经常听取有关工作汇报,并要求各级强化跟踪督办,确保工作成效;市人大常委会专门就农村生活污水处理工作听取市政府报告;市政协就农村生活污水处理问题提出多项提案,共同推进农村污染治理工作。计划从 2015 年起,用 3 年时间每个县(市、区)至少建设 100 个以上村生活污水治理设施,到 2017 年年底前初步形成全市农村生活污水治理框架,力争到 2020 年实现有条件的中型以上村庄完成污水治理工作，率先成为全省农村生活污水治理示范区。各地、各部门积极行动、明确分工，狠抓落实，确保农村生活污水治理各项决策部署得到彻底落实。截至目前，全市已完成建设62条，69条已动工，创建了郁南县夏袭村、兰寨村等一批农村生活污水治理示范村。

2. 大胆创新，以范带动

该市以郁南县为示范试点开展农村生活污水治理，率先把污水治理纳入了农村中心村环境综合整治的范畴，大力推进无动力厌氧污水处理系统建设。实践证明，该系统是山区欠发达地区农村治污的最佳模式，既能解决农村生活污水处理厂"建得起、用不起"的难题，又能解决群众因担心建设污水处理厂对身体健康、环境质量带来负面影响的"邻避效应"难题。郁南县农村中心村环境综合整治项目被国家确定为100个"全国农村生活污水处理示范县"之一。此外，启动编制"无动力厌氧污水处理系统"广东省地方标准，努力探索"打包"实施生活污水捆绑PPP项目建设。目前，郁南县已实施建设包括12个镇区14座污水处理设施及其配套管网，903个农村生活污水处理设施以及每个镇1个共15个"人居环境综合提升工程"样板村捆绑项目，推动农村治污从"小作坊"式生产迅速成为"现代大企业"式运作，全面提升环境综合整治工作水平。

3. 源头治理，综合整治

注重从源头抓起，综合开展农村生活污水治理工作。一是加强农村饮用水源保护。2017年以来，全市划定乡镇集中式饮用水源保护区44个，完成农村综合整治项目33个，完成云安区高村镇佛洞河等河涌整治约22千米共56项工程，开展建设西江、罗定七和水厂及金银河水库水源地的农村生活垃圾处理工程，新增种植水源涵养林10万亩以上。二是严控农村工业污染。严格执行建设项目环境影响评价审批和环保"三同时"监督管理工作。近两年来，该市共拒绝高污染项目45个，投资总额超过350亿元。重点加强建材、造纸、化工等行业污染治理，完成治理项目450项，搬迁整治企业400多家，关停企业98家，查处涉农环境违法案件68宗。三是加强畜禽养殖污染治理。全市划定禁养区面积约300平方千米，划定禽畜圈养点31.95万平方米，完成规模化畜禽养殖场治理近600个，建成畜禽废弃物综合利用厂4家，利用率占产生量的46%以上。

4. 立足长远，建立机制

着眼长远，建立健全长效管理机制，确保农村生活污水治理工作有成效、管长效。一是构筑治理机制。出台治理农村环境整治方面的规范性文件16份，建立包括垃圾分类处理机制、公众参与机制等六项长效机制。二是广泛宣传发动。制作宣传标牌和横幅，在路口、村口等公共区域安装或悬挂，并把宣传标语式样及科普知识小册子等下发到各地，大力开展宣传"共谋、共建、共管、共享美丽乡村"和"绿水青山就是金山银山"的理念，营造浓厚的宣传氛围。三是狠抓督查督办。开展定期、不定期的明察暗访，建立月调度季检查机制。同时，强化工作交流，在总结和交流中不断提高。

5. 完善设施，注重成效

农村生活污水治理工作具有面广量大、治理条件复杂、基础薄弱等特点，为此，该市通过全面动员、明确责任、因地制宜等措施，采用切合实际、经济适用、科学循环的治理技术，加快全市污水处理设施建设，取得了阶段性成效。水环境质量保持总体良好，西江云浮段水质保持在Ⅱ类以上，是省内水质最好江段之一。集中式饮用水源、主要河流和交界断面等水质达标率为100%；农村集中式饮用水源水质均达到Ⅱ类以上，部分水质为Ⅰ类。建成镇级污水处理厂16个，总规模11.1万吨/天，管网约52千米；建成农村生活污水处理简易设施1 830套，农村生活污水处理率达40%以上，每年可减少污水排放400多万吨。此外，建设沼气池18 010个，新建公厕1 296个，改厕入屋83 620户，农村改水93 414户，受惠群众72.6万人，惠泽农户12多万户。昔日村庄纳污的"臭水塘"成为了群众喜爱的水面清澈、环境怡人的"风景塘"。

(二) 模式效果

云浮市切实抓好全市农村生活污水治理,目前,全市建成镇级生活污水处理厂16个,总规模超过11万吨/天,建成农村生活污水处理简易设施1830套,农村生活污水处理率达40%以上,全市水环境质量保持总体良好。为全面推进农村生活污水治理工作,云浮市提出率先建设的目标:从2015年起,用3年时间每个县(市、区)至少建设100条以上村生活污水治理设施,到2017年年底前初步形成全市农村生活污水治理框架,力争到2020年实现有条件的中型以上村庄完成污水治理工作,率先成为全省农村生活污水治理示范区。目前,全市已建成镇级污水处理厂16个,总规模超过11万吨/天,管网约52千米;建成农村生活污水处理简易设施1830套,管网10.2千米。此外,建设沼气池18 010个,新建公厕1 296个,改厕入屋83 620户,农村改水93 414户,受惠群众72.6万人,惠泽农户12多万户。在推进农村生活污水治理工作中,云浮市注重创新模式,以郁南为示范试点开展农村生活污水治理。目前,全市各县(市、区)已制定具体规划方案,计划每个县(市、区)建设100条村农村生活污水处理设施。

五、浙江德清:智慧监管、打造农村生活污水治理运维新模式

德清以"一根管子接到底"的污水管网建设,加"智慧监控"网络平台,打造农村生活污水"五位一体"新体系,不但让村民们告别了过去污水横流的生活,重塑了江南水乡的魅力,更破解了长效监管、后期维护上的难题。

(一) 经验做法

1. 因地制宜,科学打造德清版农村生活污水治理模式

德清县"五山一水四分田",东部平原、西部山区的地形地貌酷似浓缩的"浙江模板"。自全省美丽乡村现场会上夏宝龙书记发出农村治污动员令以来，德清县着力打造省内具有鲜明代表性的"一根管子接到底"农村生活污水治理新模式。按照"五水共治、治污先行"的路线图、"三步走"的时间表和"清三河、两覆盖、两转型"的要求，德清县委托省环境科学研究院编制了德清县农村生活污水治理总体规划，制定出台了3年行动计划，明确了区域治理模式、年度治理任务和技术目标值，确保到2016年年底，全县农村生活污水治理自然村覆盖率达到100%，农户受益率达到80%以上。综合考虑村庄布局、居住环境等因素，细分3类污水治理模式，因地制宜推进农村生活污水治理工作。其中，城郊型按照区域生活污水治理一体化要求，统一纳入城镇污水处理设施；平原水乡型坚持集中式处理为主，积极推广"动力兼氧+人工湿地"技术；山区型坚持分散式处理为主，采用"酸化池厌氧+人工湿地"技术，经无害化处理后达标排放。健全组织保障。成立县农村生活污水治理工作领导小组，由县委书记、县长任组长，牵头负责各项工作，各成员单位密切配合，形成合力，扎实推进。强化资金保障。采取农户收取一点、乡镇配套一点、县财政补贴一点的办法，强化长效运维资金保障。同时，积极整合美丽乡村建设、中央农村环境连片整治、农房改造等项目资金，变分散投入为集中投入，实现了污水治理到哪里，项目资金就配套到哪里。引导社会投入。发动和引导民营企业、社会团体、省外浙商、侨胞等社会力量，通过投资、捐助、认建等形式，积极参与农村生活污水治理项目建设。

2. 科学规范，全面建立农村生活污水治理长效机制

针对农村生活污水治理面广量大、情况复杂的实际，德清县通过科学指导、规范运作，努力把农村生活污水治理设施长效运维工程打造成优质工程、惠民工程。严格执行一个标准。编制德清县农村生活污水治理技术规范，从总体要求、项目设计、工程施工、竣工验收、后期维护以及设计、施工和监理单位的选择等方面，汇编出一本德清版的农村生活污水治理《百科全书》，做到标准可查、技术可依、招标可循、建设可促。创新落实三大措施。一是实现"五位一体"运维。出台《德清县农村生活污水治理设施"五位一体"运行维护管理暂行办法》，建立了县、乡镇、村、农户及第三方的"五位一体"运维管理模式，不断提升服务质量和运维效果，实现长效运维管理规范化、专业化、科学化。二是引入市场机制。以政府购买服务的方式引进第三方环保公司，经公开招投标将全县范围内的农村生活污水治理终端设施的长效运维工作全部委托第三方浙江商达环保有限公司实行统一管理。按照半小时服务圈的原则，成立了德清县农村生活污水长效运维中心，建立专业管理人员和维护队伍，配置监控室、化验室及移动检测运维车辆等设施设备，加强对终端设施的日常运行管理，杜绝出现建管盲点。三是实行智能管理。依托德清地理信息产业园，结合智慧德清建设，委托浙江正元地理信息有限公司，采用物联网技术，制作完成覆盖全县的农村生活污水长效运维监控管理系统，通过该系统对第三方运维情况进行实时监控。牢牢把握3个关口。一是把牢移交接管关口。对通过县综合验收的项目进行现场查勘，并核查验收资料，对不具备移交条件的项目及时反馈建设单位，并督促整改，做到合格一个，移交一个，运维一个。二是把牢水质监测关口。开展处理设施的日常维护，通过检查污水接入、管网衔接、设施运行等状况，掌握农村生活污水治理设施的进水量、进水水质和出水量、出水水质等，实现污水治理流程的全程监控。三是把牢督查落实关口。完善督查考核制度，签订责任状，开展亮相、亮剑、亮牌的"三亮"行动，亮相目标，亮剑督查，亮牌警示，一次亮红牌的进行诫勉谈话，连续两次亮红牌的向县委常委会做出汇报，连续3次亮红牌的采取组织措施，严格绩效奖惩。

3. 全面施策，务求取得农村生活污水治理的综合效果

德清县坚持生态经济发展、农村环境优化、培育文明新风多管齐下，努力做到再现江南水乡之美、重塑田园人居之美、成就农民生活之美。以农村治水拓展生态经济。坚持把农村生活污水治理作为宜居宜业宜游美丽乡村建设的着力点，由内而外、深度延伸，进一步营造农村天蓝、地净、水绿、村美的生态环境，不断吸引像裸心谷等这样高端低碳的"洋家乐"落户德清，促进民宿经济蓬勃发展。以农村治水促进环境优化。将农村生活污水治理作为打造美丽乡村，推动生态文明先行示范区建设的有力抓手，切实改善农村环境质量，德清县村庄脏、乱、差的状况明显改善，群众居住环境焕然一新，全国首次农村人居环境普查评价得分德清县位居第一。以农村治水倡导文明新风。将农村生活污水治理运维纳入村规民约、文明公约，设立农村生活污水治理草根奖，村民主动参与农村生活污水治理设施的日常维护，自觉维护室内及接户管网、清扫井和房前屋后的环境卫生，努力构建山青水绿和崇德向善交相辉映的治污新格局。

（二）模式效果

五水共治工作开展以来，德清县认真贯彻落实省委、省政府统一部署，把农村生活污水治理作为实现农业强、农村美、农民富的一件头等大事，坚持以一个调抓贯彻、一条心促落实、一股劲求突破，尽早谋划、迅速落实，全面加快推进各项工作，取得了良好实效。截至目前，全县151个行政村治理覆盖率达到100%，农户受益率由2013年的32%提高到2018年的76%。

第四章 农村畜禽粪污治理

第一节 畜禽粪便肥料化利用技术及农业循环模式

一、直接施肥

国内外众多文献研究表明,对于畜禽养殖非点源污染的治理应以在较低成本下促进粪尿还田为目标。直接施肥即是将养殖业产生的畜禽粪便不做任何处理,直接排放到农田,用于种植业的作物生长和发育。

该模式的核心是将养殖业产生的畜禽粪便,直接排放到农田,经过农田的自然堆沤,为农田提供有机质、氮磷钾等养分,用于农田作物的生长发育。通过畜禽粪便缓慢地自然发酵转变为有机肥,将种植业和养殖业有机结合,达到物质和能量在种植业和养殖业之间循环流通的目的。此种模式将畜禽养殖排出的粪便不经任何处理直接用作肥料施入田间,无须专门的设备,节省了费用,省去了粪便处理的时间。然而畜禽粪便不做任何处理直接用作肥料,存在许多缺点。

(1) 传染病虫害。畜禽粪便中含有大量的大肠杆菌、线虫等有碍健康的微生物,直接施用会导致病虫害的传播,使作物发病,对人体健康产生坏的影响;未腐熟有机物质中还含有植物病虫害的侵染源,施入土壤后会导致植物病虫害的发生。

(2) 发酵烧苗。未发酵的粪便施入地里后,当发酵条件具备时,在微生物的活动下,生粪发酵,当发酵部位距植物根部较近,或作物植株较小时发酵产生的热量会影响作物生长,严重时会导致植株死亡。

(3) 毒气危害。生粪在分解过程中产生甲烷、氨等有害气体，使土壤中作物产生酸害和根系损伤。

(4) 土壤缺氧。有机物质在分解过程中消耗土壤中的氧气，使土壤暂时性地处于缺氧状态，在这种缺氧状态下，会使作物生长受到抑制。

(5) 肥效缓慢。未发酵腐熟的有机肥料中养分多为有机态或缓效态，不能被作物直接吸收利用，只有分解转化成速效态才能被作物吸收利用，所以未发酵直接施用使肥效减慢。

(6) 污染环境。养殖场采用直接施用方式消纳粪便，在农作物施肥高峰时粪便还可处理掉；施肥淡季，粪便无人问津，只好任凭堆积，风吹雨淋，肥效流失，污染环境。

(7) 运输不便。未经处理直接使用，粪便体积大，有效性低，运输不便，使用不方便。

为了防止畜禽粪便引起的环境问题，提高施肥效果，要求粪便必须处理后才允许施入农田，随着人们环保意识的增强和施肥规范的完善，应强制要求畜禽粪便必须腐熟后才能施用。

二、现代堆肥发酵

(一) 堆肥发酵原理

在我国源远流长的传统农业中，土地"用养结合、地力常新"的观念一直指导着我国农业生产。我国自古以农立国，具有悠久的堆、积、造、沤有机肥的历史和制肥工艺，有机肥料对促进农业生产、保持农业的可持续发展发挥了巨大的作用。长期以来，积造施用有机肥料主要采用传统方法，方法不科学、手段不先进，最后形成的有机肥料科技含量低，使得有机肥料一直存在着"三低三大"的问题，即有效养分低，体积大；劳动效率低，强度大；无公害程度低，污染大。随着市场经济的发展，传统的做法越来越不适应形势发展的要求，成为制约有机肥料发展和推广的"瓶颈"。人们开始忽视积造农家肥,重视化学肥料,造成了有机养分投入比例明显下降。

我国是人口多、资源相对较少的国家,大部分有机物料没有得到充分利用。把数量巨大的有机物料加以利用,变废为宝,可以产生巨大的经济效益。如果按生产企业的成本效益分析,秸秆、畜禽粪便等加工后可增值40%~50%;按农业增产增收效益分析,高效商品有机肥可提高肥料养分利用率10%~15%,肥料投入产出比化学复合肥高20%左右。随着现代科学技术大规模、大范围在种植业、畜牧业生产中不断推广和应用,农牧业生产力大幅度提高,作物秸秆、畜禽粪便等有机肥料的资源量也随着增加,畜禽粪便量日益增多,它们既是宝贵的资源,又是潜在的污染源,如果处理不当很容易引起环境的恶化,而且也是一种资源浪费。因此,"无公害"处理和工厂化生产有机肥料成为解决禽畜粪便迫在眉睫的问题。特别是随着资源、环境等一系列问题对人类生存和发展的挑战,有机肥再度成为研究的热点,人们开始从更高的层次上认识有机肥的作用。

有机肥料是重要的肥料品种之一,有机肥料在农业可持续发展中将起到越来越重要的作用。现在的研究认为,在有氧气的情况下,堆肥物料中的一些可以利用的物质被其中的微生物分解后用于新陈代谢和繁殖,其中一部分有机物如长纤维分子等在分解的过程中会散发出大量的热量。有了这些热量,微生物可以更好地繁殖,又会产生出更多热量。当把这些原料堆积到一定的空间中,则其中热量不易散失,堆体的温度会升高,温度上升后其中的微生物活动则会更加强烈,从而可以迅速分解畜禽粪便成为肥料。而当温度上升到一定高度后并保持一段足够的时间,就可以杀灭原料中的有害病原体,达到消毒的目的。但是如果对堆体不管不问,时间长了以后,堆体中央就会缺失氧气,使得发酵成为缺氧状态,变成厌氧发酵。

现在的研究表明，厌氧发酵不如耗氧发酵分解有机物彻底，还导致发生堆体的臭气增多，而且厌氧发酵所产生的温度也低于耗氧发酵，所以我们要定期地翻抛堆体，在使堆体的各个部位能够发酵完全的同时，还给堆体中央提供了氧气。这就是现代堆肥与过去农家肥的区别，在质量上远高于农家肥。

耗氧堆肥是在有氧条件下，耗氧细菌对废物进行吸收、氧化、分解。微生物通过自身的生命活动，把一部分被吸收的有机物氧化成简单的无机物，同时释放出可供微生物生长活动所需的能量，而另一部分有机物则被合成新的细胞质，使微生物不断生长繁殖，产生出更多的生物。在有机物生化降解的同时，伴有热量产生，这些热能不会全部散发到环境中，就必然造成堆肥物料的温度升高，这样就会使一些不耐高温的微生物死亡，耐高温的细菌快速繁殖。生态动力学表明，耗氧分解中发挥主要作用的是菌体硕大、性能活泼的嗜热细菌群。该菌群在大量氧分子存在下将有机物氧化分解，同时释放出大量的能量。因此好氧堆肥过程应伴随着两次升温。可将其分成3个阶段：起始阶段、高温阶段和熟化阶段。起始阶段：不耐高温的细菌分解有机物中易降解的碳水化合物、脂肪等，同时放出热量使温度上升，温度可达15~40℃。在此时期活跃的微生物包括真菌、细菌和放线菌。分解的有机物主要有糖类和淀粉类等。在此阶段除了活跃的微生物以外，还包含螨、千足虫、线虫、线蚁等对有机废物的分解。还有一些高级消费者以真菌、真菌孢子和细菌为食等。高温阶段：耐高温微生物迅速繁殖，在有氧条件下，大部分较难降解有机物继续被氧化分解，同时放出大量热能，使温度上升至60~70℃。在此阶段半纤维素、纤维素等难分解的有机物开始被强烈分解，同时开始形成腐殖质。堆肥中残留的和新形成的可溶性的有机物质继续被氧化分解。在堆温50℃左右时，堆料中最活跃的微生物主要是嗜热性真菌和放线菌；当温度上升到60℃左右时，嗜热放线菌和细菌比较活跃，而真菌几乎停止活动；当温度上升到 70℃时，大多数微生物大批死亡或者休眠。当有机物基本降解完，嗜热菌因缺乏养料而停止生长，产热随之停止，堆肥的温度逐渐下降，当温度稳定在 40%，堆肥基本达到稳定，腐殖质不断增多并且更加稳定。熟化阶段：冷却后的堆肥，一些新的微生物借助残余有机物（包括死后的细菌残体）而生长，需氧量大大减少，含水率也降低，堆肥过程最终完成。

（二）现代堆肥发酵关键技术

1. 微生物菌剂

堆肥化是微生物作用于废物的生物降解过程，微生物是堆肥过程的主体。堆肥中的微生物一方面来源于畜禽粪便中固有的大量的微生物种群，另一方面来源于人为加入的特殊的微生物菌种。人为接种微生物培养剂对堆肥进程及堆肥产物的质量历来众说纷纭。在畜禽粪便中原就有大量的微生物，若不添加另外的菌剂，这些原料经过微生物的处理也会慢慢堆置成有机肥。有研究表明，人为添加了发酵菌剂可以明显缩短有机肥的堆制时间，提高有机肥的质量，而且添加一些好的菌剂在生产出的有机肥中会产生大量的有益微生物，在土壤改良等方面有更好的作用。这些功能是普通的农家肥所不能比及的。目前认为接种微生物的作用包括提高堆肥初期微生物的群体，增强微生物的降解活性、缩短达到高温期的时间、接种分解有机物质能力强的微生物。接种高效发酵微生物，不仅能大大缩短堆肥处理时间，而且也有利于堆肥养分的保持，有些微生物还能起到治理堆肥污染物的作用。所以高效的堆肥菌剂对堆肥生产、科研有着很重要的意义。

目前市场上常用的是 EM 菌剂。该菌剂是由日本教授比嘉照夫发明的，由光合菌、乳酸菌、酵母菌、放线菌、醋酸杆菌 5 科 10 属 80 多种有益微生物组成。采用适当的比例和独特的发酵工艺，把经过仔细筛选出来的好气性和嫌气性有益微生物混合培养，形成多种多样的微生物群落。在生长中产生的有益物质及其分泌物质成为各自或相互生长的基质（食物），正是通过这样一种共生增殖关系，组成了复杂而稳定的微生态系统，形成功能多样的强大而又独特的优势，使微生物、动物机体与外界环境保持平衡，使机体处于最佳状态。

由于畜禽种类和饲养模式差异大，使得畜禽粪便的成分异常复杂。例如，猪粪的质地比较细，成分复杂，含有较多的氨化微生物，容易分解，而且形成的腐殖质较多；牛粪通常被称为"冷性肥料"，其质地细密，成分与猪粪相似，牛粪中含水量高，通气性差，分解缓慢，发酵温度低，肥效迟缓；鸡粪养分含量高，在堆肥过程中易发热，氮素易挥发等。由于各畜禽粪便的成分、特点的差异，势必在堆肥发酵过程中需要不同的分解微生物。

2. 堆肥设备

堆肥设备是实现现代堆肥机械化生产的关键，对于生产出符合相应的卫生指标和环境指标的堆肥产品至关重要，对于控制堆肥产品的质量意义重大。目前，市场上有成套的现代堆肥设备，大致包括计量设备、进料供料设备、预处理设备、发酵设备、后处理设备及其他辅助处理设备。这些设备共同的特点是以工艺要求为出发点，使发酵设备具有改善和促进微生物新陈代谢的功能，在发酵的同时解决自动进料和自动出料的难题，最终缩短发酵周期、提高发酵效率和堆肥的生产效率，实现堆肥规模化生产。

（1）预处理设备。通常计量设备、粉碎设备、混合设备、进料供料设备、分选设备等都被包括在预处理设备中。这些设备在整个堆肥流程的最前端，通过配合预处理工艺，首先可以提高堆肥物料中有机物的比例，分离出诸如玻璃、石块、金属等不可堆腐之物，用于其他回收处理；其次，可以为发酵设备提供合适的物料颗粒，进而调整微生物新陈代谢速度，提高堆肥厂的生产效率。最后，可以调节堆料的含水率和 C/N 比，使堆肥物料符合堆肥工艺的要求。

(2) 发酵设备。发酵设备是堆肥微生物和堆肥物料进行生化反应的反应器装置，是整个堆肥系统的核心和主要组成部分。发酵设备通过翻堆、供氧、搅拌、混合和通风等设备来控制物料的温度和含水率，进而改善和创造促进微生物新陈代谢的环境。市场上的发酵设备商品种类繁多，大致可分为堆肥发酵塔、卧式堆肥发酵滚筒、筒仓式堆肥发酵仓和箱式堆肥发酵池等。

利用畜禽粪便生产有机肥的方法也有很多，主要有箱式堆肥、槽式堆肥、静态垛堆等许多方式。箱式堆肥是在固定容积的箱、盆中堆肥，产量小，产品质量不高，适合家庭利用厨余废料少量生产种花的肥料。静态垛堆产品的发酵不均匀，产品质量难以保证。现在目前研究得比较多的就是槽式条垛堆肥，该方法生产量大，产品质量均匀。槽式条垛堆肥是建立发酵槽，在发酵槽内通过翻堆机根据工艺要求进行翻堆供氧。

翻抛机是发酵设备中的核心。堆肥翻抛的主要作用是控制堆肥过程中的温度，挥发水分，混合增氧，以满足好氧发酵对氧含量的要求，促进畜禽粪便快速、高效地发酵。翻抛机的使用可以起到省时省力的生产效果，是提高堆肥效率和堆肥产品质量的重要措施。目前，我国堆肥翻抛机已有多种产品，槽式翻抛机是畜禽粪便堆肥的主要机型，特点是占地空间小、生产效率较高，但也存在简单仿制国外机型、运行耗能大、翻堆不彻底等问题。翻抛机的创新研制需要明确翻抛机运行原理，在此基础上力求降低投资成本和运行能耗，添加自动控制手段，实现一机多用等。目前已经研制出可以集翻堆、增氧、加湿多功能于一体的翻堆机，不仅翻堆彻底、能耗小，并且集成于自动控制系统中，可以根据工艺要求实现自动翻堆、增氧和加湿。

(3) 后处理设备。堆肥物料经过一次发酵和二次发酵后成为熟化的物料。尽管前面的工艺和设备设计严密、功能强大，但依然难以避免后期的物料中有残余的玻璃碴、小石子、碎塑料等杂质。

为了提高堆肥产品的质量、精化堆肥产品,设置后处理工艺十分必要。后处理设备主要包括精分选设备、烘干设备、造粒精化设备和包装设备等。经过后处理设备的加工,堆肥产品可以运往市场销售给农户。施于农田、林地、果园、菜园、景观绿地等用于土壤改良剂或者有机肥料。也可以根据市场需求和生产要求,在后处理的过程中添加氮、磷、钾等营养元素后制成有机—无机复混肥、作物专用有机肥等产品。

(4)其他辅助设备。辅助设备还包括用来完成物料在设备间的运输与传动,以及对堆肥过程中产生的二次污染物处理的设备。

堆肥厂内物料的运输与传动形式很多,关键在于根据工艺要求的合理选择,这是确保工艺流程顺利实施的保证。堆肥厂的运输和传动装置主要用于堆肥厂内物料的提升与搬运,完成新鲜物料、中间物料、堆肥成品和二次废物残渣的搬运等。

堆肥厂的顺利运营需要满足作业环境和周围环境各项规定的要求,这必然要求在工艺设计过程中采取有效的措施防止臭气、粉尘、噪声、振动、水污染等二次污染的发生。堆肥过程中会产生大量臭气,这是堆肥厂面对的头等二次污染问题。臭气物质主要是氨、硫化氢、甲硫醇、甲胺等。对此,堆肥工艺设计过程中需要考虑到堆肥过程控制臭味物质逸出、建立臭味收集和处理系统。常用的方法:一是在堆肥过程中向物料中添加具有除臭功能的微生物,能将臭味物质在逸出堆料之前进行降解利用;二是安装除臭设备,对逸出的臭味物质进行收集和进一步处理。目前,国内外废气处理装置,一般采用流体洗涤床、喷雾塔等。这些设备均是采用水浴洗涤、喷淋的基本原理,为了较充分的洗涤,增加废气与水的接触时间,要减慢气体流速,因此在处理较大流量的废气时,其设备的体积要相应增大,异味脱除剂配置系统更加复杂,同时带来了能源消耗大、运行费用高的问题。北京农学院农林废弃物资源化利用团队发明了一种新型的湍旋式废气处理装置。该装置主要由 pH 仪、排污口、进气口、初级处理段、湍旋变速器、强化处理段、气体脱水段、排气口等几部分组成,它还包括各处理阶段的异味脱除剂供给系统。从发酵室排出的废气,由进气口进入装置的初级处理段,由于进气口的切线导向作用,废气在初级处理段内与液状异味脱除剂供给系统喷出的异味脱除剂发生碰撞,充分混合,反应后产生的固体在离心力的作用下,沉降到排污口排出。初级净化后的气体经湍旋变速器进入强化处理段,在湍旋变速器的作用下,气体高速旋转湍流状升进强化处理段。在强化处理段上部喷出的异味脱除剂发生激烈碰撞,使气、液两相充分混合,相互作用,异味脱除剂与有机、无机硫化物、氨等带有异味的气体发生反应,产生微量的中性固体颗粒,在离心力及重力的作用下,沿装置内壁留下,经排污口排出。净化后的气体进入脱水处理段,在导流器的作用下,气体将水分脱掉,净化后的气体经排气口排放。该装置结构合理,工艺简单,体积小,能处理较大流量的废气,耗能低,运行费用低,净化效率高,使用寿命长。适用于畜禽粪便等有机物发酵过程中产生的带有异味的气体排放的净化工程。

在现代堆肥生产中,工艺设计越来越趋向于自动化和智能化。与上述预处理设备、发酵设备和后处理设备相配套,将各种设备技术集成进行统一控制的自动控制系统和设备,近年来备受堆肥厂青睐。

自动控制系统由控制台、数据采集器、电器控制柜、检测设备和调控设备五部分组成的一个闭环控制系统。控制台是监控系统的核心,是人机对话的窗口。控制台由一台 PC 机和专用软件构成,完成对现场各种参数数据的显示、存储和分析,并能按照预定的生产工艺曲线向调控设备发出调控动作指令。数据采集器:是控制台连接电器控制柜和检测设备的通信枢纽、神经中枢,它将控制台、电器控制柜和检测设备连成一个整体,完成数据的上传和指令的下达。电器控制柜:将控制台的动作指令转换成调控设备的动作信号,控制相应的调控设备动作。检测设备:由温度、湿度和气体传感器组成,实时监测现场的各种参数,并通过数据采集器上传给控制台。调控设备:根据电器控制柜的控制信号,分别完成堆料翻抛、加氧、通风、加湿、加热等动作,实现现场环境参数的最优化。

(三) 堆肥工艺

1. 影响堆肥的因素

影响堆肥的因素很多,要想得到优质的肥料,就必须对一些因素进行人为控制,并找到最合适的参数组合。

(1) 辅料。添加辅料的目的是为了调节堆体的 C/N、水分和孔隙度等。通常选择的辅料应该是干燥、吸水能力强、能够起支撑作用的廉价材料。如何惠霞等利用稻壳粉为调理剂,调节含水量。徐瑁等人研究表明,利用细小的秸秆作为调理剂,有利于加快堆肥进程,提高堆肥效率。A. M. Torkashvand 等用尿素调节 C/N,来发酵甘蔗渣等有机废弃物,得到了很好的效果。

(2) 水分。在堆肥化过程中,水分是一个重要的因素。堆肥的起始含水率一般为 50%~60%。最低不低于 40%。水分过低,堆肥环境不适合微生物生长;水分过高,则堵塞堆料中的空隙,影响氧气进入而导致厌氧发酵,减慢降解速度,延长堆腐时间。

(3) 通风。通风可以用来控制堆肥过程中的温度和氧含量,因此,通风被认为是堆肥系统中最重要的因素。通风量过大,带走大量水分和能量,降低堆体温度;通风量不足,不能满足好氧微生物生存需要。大部分研究者认为堆体中的氧含量保持在 5%~15% 比较适宜。

(4) pH 值。在堆肥化过程中,pH 值是一个重要的因素。微生物生长繁殖需要一定的酸碱度,一般细菌适合中性环境,放线菌适应偏碱性环境,酵母菌和霉菌适于在偏酸环境中生长,因此,找到合适的 pH 值环境,对堆肥有着重要的意义。如果所用菌株 pH 值环境相似,那么两株菌株共同作用的机会就会很大。一般来讲,pH 值在 6~9 都可以进行堆肥化。但有研究发现,在堆肥初期堆体的 pH 值降低，低的 pH 值有时会严重地抑制堆肥化反应的进行。

（5）C/N。碳源是微生物利用的能源，氮源是微生物的营养物质。堆肥化操作的一个关键因素是堆料中的 C/N 比，其值一般在 20~30 比较适宜。在堆肥过程中，碳源被消耗，转化成二氧化碳和腐殖质物质，而氮则以氨气的形式散失，或变为硝酸盐和亚硝酸盐，或是由生物体同化吸收。研究表明，堆料起始 C/N 比对堆肥 N 素损失影响很大，C/N 比与 NH_3 挥发量有极显著的负相关。

（6）微生物。微生物是堆肥过程的主要影响因子。在堆体中加入微生物能起到去除堆体臭味、缩短堆肥时间、提高堆肥质量的作用。研究表明，单一的细菌、真菌、放线菌群体，无论其活性有多高，在加快堆肥化进程中都比不上多种微生物群体的共同作用。在堆肥中所用的微生物菌剂，是适用于无害化作用的有益微生物优良菌株（包括芽孢杆菌、放线菌、乳酸菌、丝状真菌和光合菌等多种微生物），应用优化微生物生态学技术培养微生物形成的微生物菌剂。

在好氧堆肥过程中，微生物的活动、演替比较复杂，根据堆肥过程中的温度变化，可将其分为 3 个阶段，即包括好氧微生物在分解有机物过程中释放热量而造成温度不断上升的升温阶段，纤维素和半纤维素等难分解物质被利用的高温阶段以及对较难分解有机物做进一步降解的降温阶段，同时微生物种群也发生相应的变化。这 3 个阶段由于环境不同，其作用的菌群也有所不同。细菌是中温阶段的主要作用菌群，对发酵升温起主要作用，主要包括一些中温细菌，也会有些中温真菌。放线菌是高温阶段的主要作用菌群，主要是一些嗜热菌群。芽孢杆菌、链霉菌、小多孢菌和高温放线菌是堆肥过程中的优势种。

堆肥中利用的微生物目前主要来源于两个方面：一是从各类有机废物中筛选出的固有的微生物种群，二是人工加入的特殊菌种。李鸣雷等（2007）从麦草与鸡粪好氧堆肥中分离出两种优势真菌，应用于堆肥中，能够有助于堆肥温度的快速提高，并延长了堆肥的高温期，促进了堆料的矿质化水平。刘克锋等（2003）利用从猪粪中筛选出来的菌种进行室内发酵菌剂筛选试验，找到了3种对促进猪粪、城市垃圾腐熟有利的菌剂。朴仁哲等（2005）用VIP-土壤有机腐熟剂（菌种为商品名。采集延边地区山林树叶中的微生物，经韩国有机农业公司委托韩国生物科学院分离并重组而成）对鸡粪接种，结果表明，细菌和放线菌是堆肥过程中的主要作用菌群，VIP-土壤有机腐熟剂的接入也可有效改善鸡粪堆肥中的微生物群落变化。EM菌是比较成熟的堆肥菌剂，EM菌是日本琉球大学农学部的比嘉照夫教授在20世纪70年代开发研制的，是英文Effective Microorganisms 的缩写，可译成有益微生物群。袁芳等（2005）对EM的有效微生物组成进行了分类鉴定，得出了EM有效微生物的主要菌种为光合细菌、乳酸菌、酵母菌和乙酸菌。

2. 现代堆肥工艺程序

传统的堆肥技术通常露天堆积，堆料内部处于厌氧环境，这种发酵方法占地大、时间长而且发酵不彻底。现代堆肥工艺通常采用好氧堆肥工艺，其基本堆肥流程包括前处理、一次发酵、二次发酵、后处理和贮藏等工序。

（1）前处理。前处理的主要任务是调整水分和C/N比。前处理的工作还包含粉碎、分选和筛分等工序。这些工序可以去除粗大的玻璃、石头、塑料布等粗大垃圾和不能堆肥的垃圾，并通过粉碎使堆肥原料的含水率达到一定程度的均匀化，同时在堆肥过程中保持一定的孔隙，使原料的表面积增加，便于微生物定植和活动，从而提高发酵的效率。在此阶段降低水分、增加透气性和调整C/N比的主要措施是添加有机调理剂和膨胀剂。例如，加入堆肥腐熟物，调节起始物料的含水率，或者添加锯末、秸秆、稻壳、枯枝落叶、花生壳、褐煤、沸石等。

尽管对于人为添加微生物菌剂对堆肥的作用尚有争议，但是在前处理阶段添加一定量的微生物菌剂有利于堆肥进程的展开。在堆肥初期添加接种剂，能够提高堆肥初期微生物的群体，增强微生物的降解活性，达到促进堆肥腐熟、缩短堆肥周期的目的。在堆肥初期添加合适的固氮菌有利于减少堆肥过程中氮素的损失，提高堆肥产品的养分含量。

在前处理时期接种营养调节剂，如糖、蛋白质、氯化亚铁、硝酸钾、磷酸镁等物质，能够为堆肥中的微生物繁殖提供易于利用的营养物质，从而增加堆肥开始时的微生物活性，加快堆肥的腐熟进程。

针对畜禽粪便产生臭味和堆料中重金属、抗生素、雌激素污染物残留等问题，建立有机肥好氧发酵臭气处理工艺和消除特征污染物的工艺技术体系十分必要。这些工艺技术与上述畜禽粪污处理设备和专用微生物菌剂进行有机组合和升级优化，进一步形成适于牛粪、猪粪、羊粪、鸡粪和鸭粪五大类主要畜禽粪便的处理技术体系，用于安全优质有机肥产品的加工和生产。

随着我国规模化畜禽养殖业的快速发展，源于饲料重金属添加剂和兽药残留污染的畜禽粪便大量产生。据统计，我国每年使用的微量元素添加剂为15万~18万吨，有10万吨左右未被动物利用而随禽畜粪便排出，集约化畜禽养殖场的畜禽粪便已成为一些污染物的富集库。由于大部分商品有机肥中的重金属含量远远高于土壤背景值。长期大量施用会导致重金属元素在土壤中的累积，最终影响食品安全，而且还存在进入食物链最终危害人体健康的安全隐患。人们对重金属元素通过饲料添加—禽畜吸收—禽畜排泄—施入土壤—作物吸收这种途径，进入人类食物链而影响人类健康的危害性日益受到重视。此外，大量的劣质、富集重金属和兽药抗生素、激素类污染物的有机肥在农田中推广施用，将会对生态环境、土壤质量、农产品安全和人类自身生存造成严重的后果。因此，现代堆肥工艺在预处理阶段应该添加重金属钝化剂、激素类和抗生素类强氧化剂等，对堆肥中的重金属进行钝化，并对堆肥中的兽药抗生素类物质和激素类物质进行彻底降解，从而保证堆肥产品的安全，可以用于当前绿色食品和有机食品的生产。

（2）一次发酵。一次发酵又称为主发酵。现代堆肥中通常将堆料置于发酵池（装置）内，通过翻堆或者强制通风向堆料中供应氧气。堆料在嗜温菌的作用下开始新陈代谢，首先将易分解的物质分解为二氧化碳和水，同时产生热量，使堆温上升。在温度上升到 45~65℃时，嗜热菌取代嗜温菌。此时要注意避免温度过高。在温度过高时通过翻堆通风的方式进行调整。在保持高温一段时间后，堆料中的各种病原菌被高温杀灭，堆肥温度逐渐下降。一次发酵通常维持 4~12 天，是从堆肥至温度升到最高再开始下降的那段时间，即包括起始阶段和高温阶段。

（3）二次发酵。二次发酵又称为后发酵。此阶段接着上述一次发酵的产物继续进行分解，将一次发酵阶段未分解和分解不彻底的有机物进一步分解转化为腐植酸、氨基酸等比较稳定的有机物，实现堆肥产品的完全腐熟。此阶段时间较长，通常在 20~30 天。

（4）后处理。对于经过一次发酵和二次发酵的堆肥产物。已经成为粗有机肥产品，可以直接用于农田、果园、菜园等；也可经过进一步的精选，制成精有机肥产品，或者根据市场需求和生产要求，添加氮磷钾等制成有机—无机复合肥，做成袋装产品，用于种植业、林业生产之中。

三、基于畜禽粪便肥料化利用的农业循环模式

在我国源远流长的传统农业中，土地"用养结合、地力常新"的观念一直指导着我国农业生产。我国自古以农立国，具有悠久的堆、积、造、沤有机肥的历史和制肥工艺，有机肥料对促进农业生产、保持农业的可持续发展发挥了巨大的作用。现代有机肥料生产趋向规模化、商品化生产，能克服传统有机肥料诸多缺点。商品有机肥料的优势在于它能扬长避短、取优补缺，增产、增收效果好，而且原料丰富，产品科技含量不断提高，在农业生产中越来越受到

广大农民的欢迎。

以现代堆肥发酵技术为中心的种—养—加模式的核心是：种植业的作物秸秆与养殖业的畜禽粪便在一定的工艺和设备条件下，经过生物发酵处理，生产出高品质的有机肥，将有机肥再用于种植业生产，将物质和能量在种植业与养殖业之间形成循环。该模式可以农业龙头企业为主体，也可以家庭农场、专业合作社等新型农业经济体为主体。加工生产的有机肥品种可以是常规的有机肥、生物有机肥、有机—无机复合肥等。

北京市延庆旧县镇"玉米—奶牛—有机肥"模式

延庆是京郊农业大县，为国家级二级水资源保护区和生态示范县，是国务院绿色食品办公室批准的绿色食品基地。延庆不仅是京郊农业大县，同时也是养牛大县。由于奶牛业被称为"节粮型"畜牧业，在农村经济发展中占有重要地位。延庆自然资源丰富，生产潜力大，适宜发展奶牛生产，特别是年播种玉米近2万公顷，年生产玉米和秸秆各1.5亿千克，能有效地解决奶牛饲料问题，且无污染，水质、气候优良，非常适合建设绿色奶牛基地。因此目前延庆县已经成为国家的优势奶牛带之一，发展奶牛业符合北京市农业产业结构布局。目前在延庆旧县镇、沈家营镇养牛达2万余头，当地养牛业迅速发展，为当地农民带来了较好的经济与社会效益，但同时每年产生的10万吨牛粪却给当地生活和生态环境带来了极大的压力。大量粪便堆积导致河面黑化、河水富营养化、水质下降、养殖空气污染严重等，不仅污染了当地养殖环境，还污染了延庆水源涵养区、母亲河，既影响了延庆的生态环境，又影响了首都北京的生态环境。同时，由于牛粪中含有植物生长所需的营养物质，养殖废弃物的抛弃还浪费了牛粪中所蕴藏的宝贵资源和能源。如何解决大量牛粪对环境和水源涵养区的污染问题，促进当地养殖业与种植业循环发展，已经成为亟待解决的限制当地农业发展的因素。

当地养牛农户直接入股成立了专业合作社，由于农户共同参与养牛业的经营，在成立之初，极大地调动了农户的生产积极性，形成了一个风险共担、利益共享的合作体。然而随着养牛产业规模的扩大，养牛合作社成员之间，仅仅在养殖业这个环节上发展合作，渐渐凸显出极大的局限性。由于养殖业是当地大农业的一个环节，而如何延长养殖业链条，增强养殖业与其他农业类别的有机链接，成为限制当地养殖产业发展和合作社农民扩大致富空间的重要因素。

通过建立牛粪堆肥生产优质有机肥示范工厂，并将生产的优质有机肥用于当地农业生产进行示范，引导当地养牛合作社由单纯的养牛合作的联合，转向种植和养殖合作的联合。例如，当地养牛户产生的牛粪，通过有机肥厂生产出优质有机肥，而这些优质有机肥通过回购或者代加工的方式返给种植户，种植户利用有机肥种植有机玉米、有机五彩甘薯等，不仅提高了有机农业的经济效益，这些有机作物的秸秆等在收获后又用于当地养牛产业，生产出有机牛奶。而吃有机饲料的牛，其粪便又进一步用于有机肥生产，并使用到有机作物上，如此循环，使得有机种植与有机养殖之间形成了有效的生态循环和链接。项目的实施带动了当地养牛合作社由单一的松散型联合逐渐向综合性产业链接的生态型联合发展，建立了依托合作社开展肥料经营与服务的有效模式，促进了当地种养业与养殖业的有效结合。

第二节 畜禽粪便饲料化利用技术及农业循环模式

一、畜禽粪便饲料化利用概述

近年来，随着畜禽养殖业的快速发展，商品饲料的需求量大增。我国在饲料生产与供应方面，每年需要进口大量的饲料原料用于饲料生产。因此，开发新的蛋白饲料日益受到商家和科学家的重视。

（一）畜禽粪便的营养成分

畜禽粪便不仅是优质的有机肥料，包含农作物所需的氮、磷、钾等多种营养成分，还含有大量可替代饲料的营养成分。通过检测发现，畜禽粪便中的粗蛋白含量比较丰富，例如耕牛粪中粗蛋白含量为5%~8%，奶牛粪中粗蛋白含量为10%~14%，鸡粪中为18%~23%，猪粪中为15%~18%，而玉米中的粗蛋白含量为8%~10%（周望平，2008）。因此大多数种类的畜禽粪便，其中的粗蛋白含量与畜禽所采食的饲料中的粗蛋白含量相当，甚至是达到其2倍。此外，畜禽粪便中还含有丰富的氨基酸，大约17种，占畜禽粪便总量的8%~10%，并且其中的精氨酸、蛋氨酸和胱氨酸含量是玉米所不及的。畜禽粪便中还含有粗脂肪、磷、钙、镁、钠、铁、铜、锰、锌等多种营养物质。因此开发畜禽粪便为饲料，不仅是畜禽粪便资源化处理的一种重要途径，还可缓解畜禽养殖的饲料缺口。

畜禽粪便的营养价值随畜禽的种类、畜禽日粮成分、饲养管理条件的不同而异。畜禽种类是决定粪便营养价值的最关键因素。例如，鸡由于消化道短，消化吸收能力低，一般只能吸收所喂饲料的30%，其余都随粪便排泄出去。因此鸡粪中含有多种营养成分，也是最常见的用来做饲料的粪便种类。猪粪的营养价值略低于鸡粪，牛粪的营养价值比猪粪要低。然而利用畜禽粪便制备的饲料，虽然营养价值较高，但是营养并不全面，还需要配合其他饲料进行混合饲养。例如，鸡粪饲料非蛋白氮含量高，所以饲喂牛、羊等草食动物时利用价值更高。还可以在使用时适当添加土霉素、食盐、小苏打、熟石膏等饲用添加剂，效果更佳。

（二）畜禽粪便作为饲料的安全性

研究结果一致认为，粪便中所含有的氮素、矿物质和纤维素等，能够代替饲料中的营养成分。当时由于畜禽粪便饲料化利用的经济效益不十分明显，并且美国一度担心畜禽粪便中所携带的病原菌对于畜禽健康养殖造成威胁，因此1967年美国限制使用畜禽粪便做饲料。研究结果认为，畜禽粪便经过适当处理，作为养殖业饲料是安全的。畜禽粪便中含有大量的细菌、病毒等病原微生物、真菌毒素、寄生虫等，可能还存在杀虫剂、抗生素、重金属、激素等有害物质残留，因此在将畜禽粪便作为饲料应用之前，需要对畜禽粪便进行无害化处理，禁用治疗期的畜禽粪便，以保证再生饲料的安全性和适口性。

二、畜禽粪便饲料化处理主要方法

畜禽粪便饲料化处理的方法包括以下几种。

（一）新鲜粪便直接作饲料

新鲜粪便用作家畜饲料，简便易行。将鲜兔粪按照3∶1代替麸皮拌料喂猪，平均每增重1千克活重节省0.96千克饲料，且猪的增重、屠宰率和品质与对照组没有差异。

鸡粪尤其适于该种方法。由于鸡的消化道短，食物从吃入到排出约4小时，所食饲料的70%左右的营养物质未被消化而直接排出。在排出的鸡粪中按照干物质计算，粗蛋白含量为20%~30%，氨基酸含量与玉米等谷物相当甚至还高，富含微量元素等。因此可以利用鸡粪代替部分精料来饲喂猪、牛等家畜。正如前面所述，鸡粪做饲料的安全性问题不容忽视。鸡粪中含有吲哚、脂类、尿素，其中还有病原微生物、寄生虫等，由于其复杂的成分组成，鸡粪在家畜饲料时容易造成畜禽间交叉感染或传染病暴发。因此在使用之前，可以用福尔马林溶液（含甲醛的质量分数为37%）等化学药剂进行喷洒搅拌，24小时后其中的吲哚、脂类、尿素、病原微生物等就可以被去除。也可以用接种米曲霉和白地酶，再用瓮灶蒸锅杀菌达到去除有害物质和病原微生物的目的。

（二）青贮

该方法简单易行，效果好，使用较为普遍。具体的做法是：将新鲜禽粪与其他饲草、糠麸、玉米粉等混合，调节混合物的含水率为40%左右，装入塑料袋或者其他容器内压实，在密闭条件下进行贮藏，经过20~40天即可使用。该方法处理过的饲料能够杀死粪便中的病原微生物、寄生虫等，尤其适于在血吸虫病流行的地区使用。处理过的饲料还具有特殊的酸香味道，可以提高饲料的适口性。

（三）干燥法

该方法主要是利用高温，使畜禽粪便中迅速失水。该方法处理效率高效，且设备简单，投资少。经过处理的粪便干燥后，不仅能更好地保存其中的营养物质，且微生物数量大大减少，无臭气，也便于运输和贮存，满足卫生防疫和商品饲料的生产要求。常用的技术有自然干燥、高温快速干燥和烘干等。

1. **自然干燥**

将畜禽粪便除去杂物后，粉碎、过筛，置于露天干燥地方，经过日光照射后可作为饲料用。此方法具有投入成本低、操作简单的优点。由于该方法占地面积大，受天气影响大，如果碰上连续阴雨，粪便难以及时晒干。另外，干燥时处于开放的空间，会有臭味产生，氨挥发严重，干燥时间越长，养分损失越多，产品的养分含量降低。此外，也存在病原微生物、杂草种子和寄生虫卵等消灭不彻底的问题。如果有棚膜条件的，可以先将粪便进行初步脱水后，再在棚内晾晒，效果较好。

2. **高温快速干燥**

该方法是采用燃煤、电力等产能对粪便进行人工干燥。该方法不仅需要消耗能源，还需要基本的设备投入——干燥机。目前常用的干燥机大多为回旋式滚筒干燥机。例如，鲜鸡粪的含水率通常为70%~75%，经过滚筒干燥，受到500~550℃甚至更高温度的作用，鸡粪中的水分可以降低到18%以下。该方法的优点是干燥速度快、不受天气影响，适合批量处理，同时可以快速达到去臭、消灭病原微生物、寄生虫卵、杂草种子有害气体和有害生物的目的。但是该方法一次性投资较大，煤电等耗能高，在干燥时处理恶臭的气体耗水量大，特别是在处理产物再遇水时极易产生更加恶臭的气味。该方法应用比较广泛。

3. 烘干膨化干燥

该方法是利用热效应和喷放机械处理畜禽粪便，达到既除臭又消灭病原微生物、寄生虫卵和杂草种子的目的。该方法适于批量处理畜禽粪便，但也存在一次性投资大、能耗高等问题。在夏季批量处理鸡粪时，仍然有臭气产生，需要较高的成本再进行除臭。该方法应用比较广泛。

4. 机械脱水

该方法是利用物理压榨或者离心的方式加速畜禽粪便的脱水，可以批量处理畜禽粪便。但是也存在一次性投入高、能耗高，仅能脱水而无法解决臭气污染问题。该方法应用较少。

（四）发酵法

1. 普通发酵法

该方法主要是利用畜禽粪便中原有的微生物在合适的条件下进行新陈代谢，在产生热量的同时，消灭粪便中的病原微生物、寄生虫卵和杂草种子等。

以鸡粪为例：将玉米粉、棉粕或菜粕按照1：1的比例，其中添加0.5%的食盐，搅拌均匀制成混合料。根据鲜鸡粪的含水率加入预制的混合料，调整物料用手紧握能成团、轻触即散的状态。然后堆置成高0.6米，宽1.0米的梯形堆，长度根据空间而定，没有限制。堆积时让物料保持自然松散的状态，不可踩压。在堆积完成后，表面覆盖草帘、秸秆等透气保温材料。堆料中本有的微生物开始分解其中的有机物，同时产热，维持堆体的温度55~65℃就可以灭绝绝大多数病原微生物和寄生虫卵，并将鸡粪中的非蛋白氮转化为菌体蛋白，同时产生B族维生素、抗生素及酶类等有益成分。一般堆积36小时后即进行一次翻堆，期间如果堆体温度下降，则说明堆体中的氧气耗尽，需要及时进行翻堆增氧。翻堆后 2~3 天可将发酵料在日光下暴晒干燥，干燥后的鸡粪发酵料粉碎，去除其中的鸡毛等杂质，即可装袋用于家畜饲喂。用该方法生产的鸡粪饲料具有清香味，适口性很好。

在发酵前，也可在发酵料中添加适量的能量饲料，或者遮挡鸡粪不良气味的香味剂，如水果香型、谷香型等，以增强适口性。或者为了弥补鸡粪中粗蛋白可利用能值较低，与玉米粉等能量饲料混合，调整能氮比，用于促进瘤胃微生物群落发育，增强牛羊等反刍家畜对鸡粪饲料的适应性。也可考虑将发酵产物制成颗粒型饲料，方便运输、贮藏和食用。

2. 两段发酵法

两段发酵法是在新鲜鸡粪中添加外源微生物，通过好氧发酵与厌氧发酵相结合的方法制备饲料。具体的制作技术如下。

将新鲜的鸡粪进行去杂，去除鸡毛、塑料等不适于发酵的杂物。然后按照 32.5% 的鲜鸡粪、40% 木薯粉或米糠、15% 麸皮、10% 玉米面、2% 食盐的比例，并加入 0.5% 已激活的活性多酶糖化菌进行充分搅拌。调节混合物料的含水率达到 60% 左右，即以手握物料指缝中见水而不滴下为宜，然后用塑料布覆盖堆料，保持在 28~37℃ 进行好氧发酵，发酵 12 小时后翻堆，继续好氧发酵 24 小时。然后将堆料装入水泥池中或者足够大的容器中，层层压实，在堆体上面覆盖一层塑料布，并用细沙等覆盖，确保不透气。继续进行厌氧发酵，期间会产生挥发性脂肪酸和乳酸等有机酸性物质，能显著抑制白痢杆菌等肠道病菌的繁殖，提高食用畜禽的抗病性。经过 10~15 天后，即可制成无菌、营养丰富、颜色金黄、散发苹果香味的饲料。制成的饲料还可以通过自然晾晒或者机械烘干的方式进一步脱水加工制成颗粒饲料。

3. 微发酵法

此方法适合于鸡粪饲料化。具体方法如下。

(1) 准备微贮设施和原料。如果鸡场规模在 100 只以上，可以选择离鸡舍较近、地势高燥、向阳、排水良好的地方，挖土窖或者建水泥池作为微贮窖。鸡场规模在 100 只以下，也可以不建微贮窖，直接用 2 个大水缸进行微贮。

根据鸡粪的量，按照每 1 000 千克鸡粪，添加食盐 2 千克、尿素 3 千克、草粉（木薯粉或者米糠等）250 千克的比例准备原料。同时准备 10 克鸡粪发酵培养基和适量塑料膜。

(2) 微贮鸡粪饲料的制备。选用新鲜无污染的鸡粪，首先去除其中的鸡毛、塑料等不能发酵的杂物。再准备适量的水，依次将食盐、尿素、相应的鸡粪发酵培养基溶解于水中，制备成培养基溶液。然后将配置好的培养基溶液和草粉分别加入到鸡粪中，边搅拌边加水，使其混合均匀，并随时检查混合料的含水率，调整其含水率达到 60% 左右。现场检验的标准是以手握物料指缝中见水而不滴下为宜，然后将建造的微贮窖的底部铺上一层塑料布（如用水缸可直接装入物料），将物料分层放入，每层装入 20~40 厘米，踏实压紧，排出空气。物料装至略高于窖口或者与缸口平齐，上面覆盖一层塑料布进行密封，再在上面覆盖黄土或者沙土 50 厘米左右，彻底密封。之后经常检查，确保密封良好，并防水渗漏等。经过 7~15 天即可完成发酵过程，可用于饲喂。

4. 现代发酵法

随着畜禽养殖规模化、集约化程度提高，畜禽粪便的产量大增，以上发酵方法不适于大规模处理，可以利用翻堆机进行规模化好氧发酵。发酵过的畜禽粪便产物应用灵活，既可以用于饲料，也可以用作肥料，还可以用于水产饲料的添加剂。该方法在宁波市应用效果很好。

（五）分解法

该方法是利用畜禽粪便饲养蝇、蛆、蚯蚓、蜗牛等动物，再将动物粉碎加工成粉状或浆状，用以饲喂畜禽。蝇、蛆、蚯蚓、蜗牛等动物将畜禽粪便中的有机物转化成自身的生长发育,这些动物体内含有丰富的蛋白,都是很好的动物性蛋白质饲料,且品质很高。

1. 蝇蛆饲养与利用

蝇蛆具有丰富的营养成分,据测定干蝇蛆粉中含有粗蛋白59%~65%、脂肪12%、氨基酸总量为43.83%,再加上苍蝇的繁殖能力惊人,利用畜禽粪便饲养蝇蛆,既处理了畜禽粪便,又生产出了批量高品质的动物性蛋白饲料,经济效益很高。

据戴洪刚等介绍,采取集约型规模化生产设施,通过工程技术手段,实行紧密衔接的操作工序,集中供给蝇蛆滋生物质,连续生产大量蝇蛆蛋白。该方法采用两道车间工序,包括种蝇饲养和育蛆,组成一体化生产程序。种蝇严格采用笼养,商品蛆批量产出,批量收集处理。

(1) 种蝇饲养。该程序包括蝇种羽化管理、产卵蝇饲养、蛆种收获与定量、种蝇更新制种等工序。

饲养种蝇的房间要求空气流通、新鲜,温度保持在24~30℃,相对湿度在50%~70%,每日光照能保证10小时以上。种蝇采用笼养,目的是让雌蝇集中产卵。

蝇笼是长、宽、高各为0.5米的正方形笼子,通常利用粗铁丝或竹木条等做成。蝇笼的外面用塑料纱网罩上,并在其中一面留一个直径20厘米的圆孔,孔口缝接一个布筒。平时扎紧,使用时将手从布筒伸入圆孔内便于操作。

笼架上主体放三层蝇笼。每笼养种蝇1万~1.5万只。首批种蝇可以购买引进无菌蝇或自行对野生蝇进行培育。将蛆育成蛹或将挖来的蛹经灭菌后挑选个大饱满者放进种笼内待其羽化即成无菌蝇种。笼内放水盘供种蝇饮水,需要每日换水。笼内放食盘,每日供应新鲜的由无菌蛆浆、红糖、酵母、防腐剂和水调成的营养食料。需要准备产卵缸和羽化缸,产卵缸内装有对水的麸皮和引诱剂混合物,用来引诱雌蝇集中产卵,需要每日将料与卵移入幼虫培育盒内后更换新料。羽化缸是专供苍蝇换代时放入即将羽化的种蛹。

（2）种蝇淘汰。实现全进全出养殖法，即将 20 日龄的种蝇全部处死，然后加工成蝇粉备用，蝇笼经消毒处理后再用于培育下一批新种蝇。

（3）蛆的养殖。需要建立专门的育蛆房，要求温度保持在 26~35℃，湿度保持在 65%~70%，室内设有育蛆架、育蛆盆、温湿度计及加温设施等。由于幼虫怕光，因此育蛆房内不需要光照。育蛆盆内实现装入 5~8 厘米厚的以畜禽粪便为主的混合食料，湿度 65%~75%。然后按照每千克食料放入 1 克蝇卵的比例，经过 8~12 小时卵即可孵化成蛆。通常每千克猪粪可以育蛆 0.5 千克。

经过 5 天蛆即可养育成熟，除留种须化成蛹以外，其余的蛆可以采用"强光筛网法"或者"缺氧法"，引导蛆与食料自行分开，然后全部收集起来经烤干加工成蛆粉即为饲料，可以替代鱼粉配制混合饲料。

（4）选留蛹种。蛆化成蛹后用筛网将其与食料分离，然后挑选个大饱满者留种，放入蝇笼的羽化缸内，待其羽化即完成种蝇的换代。暂时不用的蛹也可以放入冰箱内保存，可存放 15 天。

2. 蚯蚓培养和利用

蚯蚓养殖有基料和饲料之分，蚯蚓养殖的成功与否与饲养基制作的好坏至关重要。饲养基是蚯蚓养殖的物质基础和技术关键，蚯蚓繁殖的快慢，很大程度上取决于饲养基的质量。

（1）基料。蚯蚓在基料中栖身、取食，因此基料是蚯蚓生活的基础，要求发酵腐熟、适口性好，具有细、烂、软、无酸臭、氨气等刺激性异味，营养丰富、易消化的特点。合格的饲养基料松散不板结，干湿度适中，无白蘑菇菌丝等。

基料的具体制作方法是：将畜禽粪便和各种植物的秸秆杂草、树叶或者草料等按照 3∶2 的比例进行混合。其中畜禽粪便的种类可以是新鲜的猪粪、牛粪等种类，但是鸡粪、鸭粪、羊粪、兔粪等适合做氮素饲料的粪便不宜单独使用，且以不超过粪便总量的 1/4 为宜。植物秸秆杂草或者草料等需要进行预处理，切成 10~15 厘米为宜。干粪或工业废渣等块状物应大致拍散成小块。堆制时，先铺一层 20 厘米厚的草料，再铺一层 10 厘米厚的粪料，如此草料与粪料交替铺 6~8 层，堆体大约达到 1 米高，堆体的长度和宽度随空间而定，无特殊限制。堆料时要保持料堆松散，不能压得太实。料堆制成后慢慢从堆顶喷水，直至堆体四周有水流出。用稀泥封好或者用塑料布覆盖。通常料堆在堆制的第 2 天即开始升温，4~5 天即可上升至 60℃ 以上，10 天后进行翻堆。翻堆时将草料与粪料混合拌匀，将上层翻到下层，将四周的翻到中间。同时检验堆料的干湿程度，如果堆料中有白色菌丝长出，则说明物料偏干，需要及时补水。翻堆结束后重新用稀泥或者塑料布封好。再过 10 天进行第二次翻堆，与上次翻堆操作相同。如此经过 1 个月的堆制发酵即制成适于蚯蚓养殖的基料。

基料在发酵制作过程中主要经历了以下 3 个阶段。

前熟期：该时期也称为糖料分解期。基料堆制好喷水，在 3~4 天内，堆料中的碳水化合物、糖类、氨基酸等可以被高温微生物分解利用，待温度上升至 60℃ 以上，大约经过 10 天，温度开始下降，至此完成前熟期。

纤维素分解期：在前熟期结束后进行第一次翻堆，在翻堆的同时检验堆料的含水量，调整水分在 60%~70%，重新制堆后，纤维素分解菌即开始分解纤维素，此过程完成需要 10 天，之后进行第二次翻堆。

后熟期：在第二次翻堆时，随时检验、调整堆料的含水量，使堆料水分保持在 60%~70%，重新制成堆体，即开始对前期难降解的木质素进一步分解，此时期发挥作用的主要是真菌。此时期木质素被分解，发酵物料呈现黑褐色细片状。在此时期，堆料中的其他微生物群落也出现特有的演替，各种微生物交替出现死亡，微生物逐渐减少，死亡的微生物遗体残留在物料中成为蚯蚓的好饲料。至此基料的制作过程完成,可进行品质鉴定和试投。

良好的基料需要完全腐熟。腐熟的标准是:基料呈现黑褐色、无臭味、质地松软、不黏滞,pH 值在 5.5~7.5。基料试投时应该先做小区试验,其中投放 20~30 条蚯蚓为宜,1 天之后观察蚯蚓是否正常。如果蚯蚓未出现异常反应,则说明基料发酵成功。如果蚯蚓出现死亡、逃跑、身体肿胀、萎缩等现象,则说明基料发酵不成功,需要进一步查明原因或重新发酵。如果实际操作中,没有时间安排重新发酵,可以在蚯蚓床的基料上先铺一层菜园土或山林土等腐殖质丰富的肥沃土壤,作为缓冲带。先将蚯蚓投放到缓冲带中,等蚯蚓能够适应后,且观察到大多数蚯蚓进入下层基料时,再将缓冲带撤去。

(2)饲料。在制作蚯蚓基料时,用到的植物茎叶、秸秆,以及能直接饲喂蚯蚓的烂瓜果、洗鱼水、鱼内脏等甜、腥味的材料,猪粪、鸡粪、牛粪等各种畜禽粪便都是饲养蚯蚓的好饲料。在配制饲料时,需要注意饲料的蛋白质含量不宜过高,否则饲料会因较多的蛋白质分解而产生恶臭气味,口感不好,影响蚯蚓采食,进而影响蚯蚓生长和繁殖。饲料的配置比例与基料相同,其中畜禽粪便的种类可以是新鲜的猪粪、牛粪等各个种类,但是鸡粪、鸭粪、羊粪、兔粪等氮素饲料不宜单独使用,且以不超过粪便总量的 1/4 为宜。

第三节 畜禽养殖生物发酵床养殖技术

一、技术原理

发酵床养殖技术是综合利用微生物学、营养学、生态学、发酵工程学、热力学原理、以活性功能微生物作为物质能量"转换中枢"的一种生态环保养殖方式。其技术核心在于利用活性微生物复合菌群,长期、持续、稳定地将动物粪尿完全降解为优质有机肥和能量。实现养猪无排放、无污染、无臭气，彻底解决规模养猪场的环境污染问题的一种养殖方式。发酵床养猪技术是一种无污染、零排放的有机农业技术，是利用我们周围自然环境的生物资源，即采集本地土壤中的多种有益微生物，通过对这些微生物进行培养、扩繁，形成有相当活力的微生物菌种，再按一定比例将微生物菌种、锯木屑以及一定量的辅助材料和活性剂混合、发酵形成有机垫料。在经过特殊设计的猪舍里，填入上述有机垫料，再将仔猪放入猪舍。猪从小到大都生活在这种有机垫料上面，猪的排泄物被有机垫料里的微生物迅速降解、消化，不再需要对猪的排泄物进行人工清理，达到零排放，生产出有机猪肉，同时达到减少对环境污染的目的。

发酵床养猪技术的原理是运用土壤里自然生长的、被称为土壤微生物，迅速降解、消化猪的排泄物。生产者能够很容易地采集到土壤微生物，并进行培养、繁殖和广泛运用。发酵床养猪技术可以很好地解决现代养猪遇到的难题，达到养猪无污染的目的。一是减轻对环境的污染。采用发酵床养猪技术后，由于有机垫料里含有相当活性的土壤微生物，能够迅速有效地降解、消化猪的排泄物，不再需要对猪粪尿采用清扫排放，也不会形成大量的冲圈污水，从而没有任何废弃物排出养猪场，真正达到养猪零排放的目的。猪舍里不会臭气冲天和苍蝇滋生。二是改善猪舍环境、提高猪肉品质。发酵床结合特殊猪舍，使猪舍通风透气、阳光普照、温湿度均适合于猪的生长，再加上运动量的增加，猪能够健康地生长发育，几乎没有猪病发生，也不再使用抗生素、抗菌性药物，提高了猪肉品质，生产出真正意义上的有机猪肉。三是变废为宝、提高饲料利用率。在发酵制作有机垫料时，需按一定比例将锯木屑等加入，通过土壤微生物的发酵，这些配料部分转化为猪的饲料。同时，由于猪健康地生长发育，饲料的转化率提高，一般可以节省饲料20%~30%。四是节工省本、提高效益。由于发酵床养猪技术不需要用水冲猪舍、不需要每天清除猪粪,生猪体内无寄生虫、无须治病,采用自动给食、自动饮水技术等众多优势,达到了省工节本的目的。一个人可饲养500~1 000头壮猪,100~200头母猪,可节水90%,每头猪节省水费6元,节约用工3元,节约驱虫药费1元左右,在规模养猪场应用这项技术,经济效益十分明显。

二、发酵床猪舍的建造

(一) 猪舍建设

新建猪场猪舍布局应根据地形确定,一般采用单排式或双排式。猪舍建设应坐北朝南,两栋猪舍间的间距不小于10米,猪舍跨度一般为6.5~12米,檐高不小于2.4米,猪舍长度为30~60米,屋顶可设计成单坡式、双坡式等形式。屋顶应采用遮光、隔热、防水材料制作,并设置天窗或通气窗(孔);南北墙设置窗户,或用保温隔热材料制作卷帘,北墙底部应设置通气孔。

猪栏一般采用单列式,过道位于北侧,宽约1.2米;靠走道的一侧设置不少于0.2平方米/头或不小于1.2米宽的水泥饲喂台(又称休息台,约占栏舍面积的20%),食槽安装于水泥饲喂台上;发酵床上方应设置喷淋加湿装置;饮水器设在食槽对面南侧,距床面0.3~0.4米,下设集水槽或地漏,水泥饲喂台旁侧建设发酵床,发酵床底一般用水泥硬化,发酵床深度为0.5~0.8米。地势高燥的地方采用地下式发酵床,地势平坦的地方采用地上式或半地上式发酵床。

双坡单列式发酵床猪舍剖面图参见图4-1,单坡单列式发酵床猪舍剖面图参见图4-2,双坡双列式发酵床猪舍剖面图参见图4-3。

(二) 发酵床种类

发酵床又称垫料池,一般在整栋猪舍中相互贯通,深度为0.5~1.0米,池壁四周使用砖墙,内部水泥粉面,池底一般应做硬

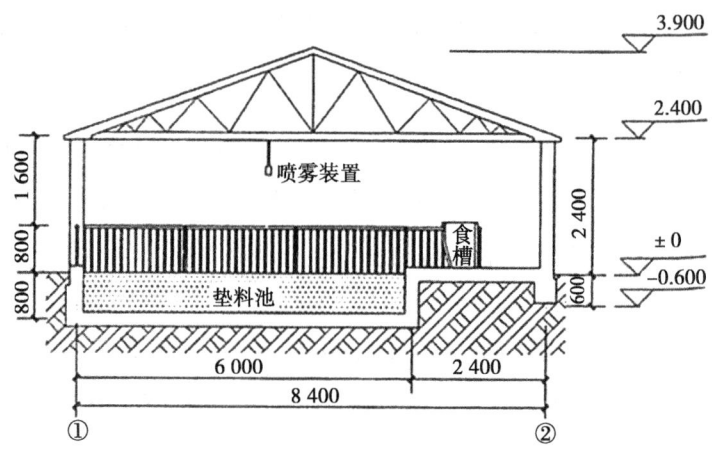

图4-1 双坡单列式发酵床猪舍剖面（单位：厘米）

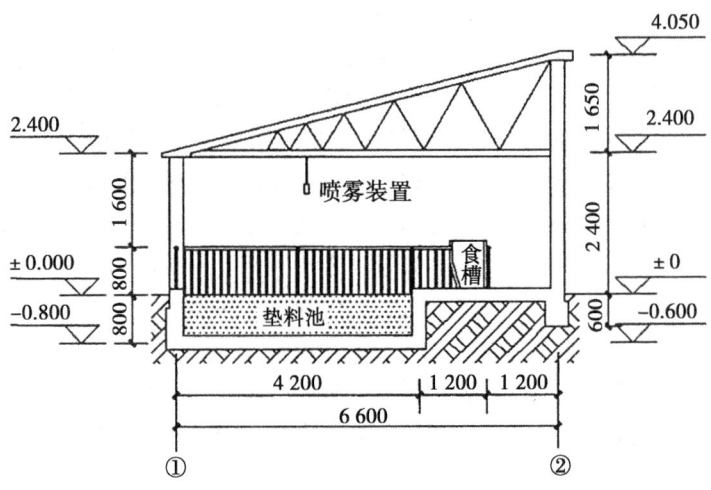

图4-2 单坡单列式发酵床猪舍剖面（单位：厘米）

化处理。

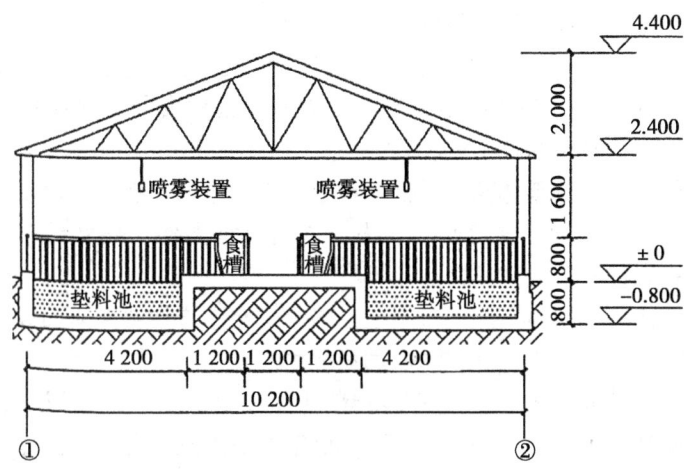

图4-3 双坡双列式发酵床猪舍剖面（单位：厘米）

1. 按发酵床与地面相对高度不同分类

按发酵床与地面相对高度不同，发酵床分为地上式、地下坑式和半地上式。

（1）地上式。发酵床地面与猪舍地面同高，样式与传统猪栏舍接近，猪栏三面砌墙一面为采食台和走道，猪栏安装金属栏杆及栏门。地上式发酵床适合于地下水位高，雨水易渗透的地区，发酵床深度为0.6~0.8米。金属栏高度：公猪栏为1.1~1.2米，母猪栏为1.0~1.1米，保育猪为0.6~0.65米，中大猪为0.90~1.0米。

优点：猪栏高出地面，雨水不容易溅到垫料上；地面水不会流到垫料中，床底面不积水；猪栏通风效果好；垫料进出方便。

缺点：猪舍整体高度较高，造价相对高些，猪转群不便；由于饲喂料台高出地面，饲喂不便；发酵床四周的垫料发酵受环境影响较大。

（2）地下坑式。在猪舍地面向下挖一定的深度形成发酵床，即发酵床在地面以下，不同类型猪栏地面下挖深度不一样，发酵床深度为 0.6~0.8 米。地下坑式发酵床适合于地下水位低，雨水不易渗透的地区，有利保温，发酵效果好。猪栏安装金属栏杆及栏门，金属栏高度与地上式相同。

优点：猪舍整体高度较低，地上建筑成本低，造价相对低；床面与猪舍地面同高，猪转群、人员进出猪栏方便；采食台与地面平，投喂饲料方便。

缺点：雨水容易溅到垫料上；垫料进出不方便；整体通风比地面槽式差；地下水位高，床底面易积水。

（3）半地上式。发酵床部分在地面以上部分在地面以下，发酵床向地面下挖 0.3~0.4 米深，即介于地上式与地下坑式之间，具有地上式和地下坑式两者之优点。

2. 按发酵床地面是否硬化分类

按发酵床地面是否硬化，发酵床分为硬化地面发酵床、非硬化地面发酵床。

（1）硬化地面发酵床。发酵床地面硬化有多种类型，如水泥整体硬化、水泥块硬化、红砖硬化、三合土硬化等。该类型发酵床因地面硬化造价较高、经久耐用，地面易积水而影响微生物活性，因此硬化地面发酵床要做好排水设计，或采取水泥块、红砖平铺不勾缝硬化。

（2）非硬化地面发酵床。发酵床地面不进行硬化，只将发酵床地面整平，用素土夯实地面。该类型发酵床造价较低，因水渗透到地下故床面不积水，但要求发酵床较深。

（三）旧猪舍改建发酵床

发酵床养猪可以在原建猪舍的基础上加以改造，一般要求原猪舍坐北朝南，采光充分、通风良好，南北可以敞开，通常每间猪栏面积改造成 20~25 平方米，可饲养大猪 15~20 头，猪舍檐高 2.8 米以上。

旧猪舍改造，一般采用半地上式和地上式发酵床。一是在原猪舍内下挖 0.3~0.4 米，往地下挖土要选择离墙体 6~10 厘米的地方开挖，坑壁挖成 45°斜坡，以免影响墙体安全，再砌 0.3~0.4 米高采食台和猪栏隔墙形成半地上式发酵床。二是如果旧猪舍檐高在 3.3 米以上，原水泥地面结实，可改造成地上式发酵床。在猪舍北面预留 1.2 米宽走道后建采食平台并安装食槽，南侧安装自动饮水器并将饮水器洒落的水引流到发酵床外。

三、工艺流程

（一）菌种选择

1. 自制菌种

（1）土著微生物采集与原种制作。

①土著微生物的采集：在当地山上落叶聚集较多的山谷中采集。把做得稍微有一点硬的大米饭（1~1.5 千克），装入用杉木板做的小箱（25 厘米×20 厘米×10 厘米）约 1/3 处，上面盖上宣纸，用线绳系好口，将其埋在当地山上落叶聚集较多的山谷中。为防止野生动物糟蹋，木箱最好罩上铁丝网。夏季经 4~5 天，春秋经 6~7 天，周边的土著微生物潜入米饭中，形成白色菌落，把变成稀软状态的米饭取回后装入坛子里，然后掺入原材料量 1/2 左右的红糖，将其混合均匀（数量是坛子的 1/3），盖上宣纸，用线绳系好口，放置在温度 18℃左右的地方。放置 7 天左右，就会变成液体状态。这就是土著微生物原液。

水田土著微生物采集方法。秋天，在刚收割后的稻茬上有白色液体溢出。把装好米饭并盖宣纸的木箱倒扣在稻茬上，这样稻茬穿透宣纸接触米饭，很容易采集到稻草菌。约 7 天后，木箱的米饭变成粉红色稀泥状态，同方法①，米饭与红糖以 2:1 比例拌匀装坛子、盖宣纸、系绳。5~7 天后内容物变成原液。在稻茬上采取的土著微生物，对低温冷害有抵抗力，用于猪舍、鸡舍，效果很好。

②原种制作方法：把采集的土著微生物原液稀释500倍与麦麸或米糠混拌，再加入500倍的植物营养液、生鱼氨基酸、乳酸菌等，调整水分至65%~70%。装在能通气的口袋或水果筐中并堆积在地面上，厚度为30厘米左右为宜，在室温18℃时发酵2~3天后，就可以看到米糠上形成的白色菌丝，此时堆积物内温度可达到50℃左右，应每天翻1~2次，如此经过5~7天，形成疏松白色的土著微生物原种。

在柞树叶、松树叶丛中，采集白色菌落，直接制作原种，具体方法是：将采集来的富叶土菌丝0.5千克与米饭1千克拌匀，调整水分至90%，放置24小时（温度20℃），此时，富叶土菌丝扩散到米饭上，再将其与麦麸或米糠30~50千克拌匀（水分要求65%~70%），为了提高原种质量，最好用通气的水果筐，这样不翻堆也可做出较好的原种。

③菌种的保存：制作好的菌种经过7~8天的培养后，即可装袋放在阴凉的房间里备用，一般要求3~6个月使用完，最好现配现用。

（2）自制培养微生物菌种的原种制作方法。以充分腐熟、聚集了土著微生物的畜禽粪便为原料，通过添加新鲜的碳源，如糖蜜、淀粉等，其他营养如酵母提取物、蛋白胨、植物提取物、奶粉等，按原料：水为1：（10~15）的比例，在室温下（20~37℃）培养3~10天，进行扩繁制作原种，然后通过普通纱布过滤，将过滤液作为接种剂，接种量为0.5~1.0千克/平方米，用喷雾或泼洒的方式接种于发酵床的垫料上，并与表层（0~15厘米）垫料充分混合，以达到促进粪便快速降解的目的。

①腐熟堆肥原料的采集：就近找一堆肥厂，或自己堆制，堆肥所用原料为畜禽粪便，经至少7天以上高温期，35天以上腐熟期，将充分腐熟的堆肥晒干，敲碎，备用。

②微生物培养：将所采集的腐熟堆肥，放入塑料、木制或陶瓷

等防漏的容器中,按原料的重量,加入新鲜碳源(15%)与其他营养物质(0.05%~1.0%),再加入1:10的水分,搅拌混合,在室温下培养5~10天,培养过程中,每天用木棒搅拌3次以上,以补充氧,培养结束后,用干净的纱布进行过滤,过滤液作为接种剂。

③接种:用喷雾器或水壶将接种剂均匀地喷洒于发酵床的垫料表面,接种量为0.5~1.0千克/平方米,然后用铁耙或木耙将0~15厘米垫料的表层混匀,以后每间隔20天接种1次,如果发现猪舍中有异味或发现降解效果下降或在防疫用药后,均要增加接种次数与接种量。

④操作实例:

例1:有一鸡粪堆肥厂,采集经10天高温堆肥、二次发酵40天并风干的样品20千克,将采集的样品敲碎,放入一水泥池中,加入4千克糖蜜、0.5千克蛋白胨(或奶粉),然后加入200千克自来水。搅拌均匀,以后每天用木棒搅拌3次,每次10分钟,培养5天后,用一钢筛(孔径为1毫米)进行过滤,获得过滤液150千克,用水壶将过滤液均匀洒在近200平方米的发酵床垫料上,然后用木耙将垫料表面混匀即可。

例2:从附近一猪粪堆肥厂,采集经10天高温堆肥,二次发酵40天,并风干的样品5千克,将采集的样品敲碎,放入一塑料桶中,加入100克山芋淀粉、50克酵母膏(或奶粉),然后加入50千克自来水,搅拌均匀,用一渔用充氧器,每天充氧3次,每次充氧1小时,培养3天后,用干净纱布进行过滤,获得过滤液30千克,用水壶将过滤液均匀洒在近30平方米的发酵床垫料上,然后用木耙将垫料表面混匀即可。

2. 购买商品菌种

根据发酵床养猪技术的一般原理和土著微生物活性与地方区域相关的特点,对不适宜、不愿意自行采集制作土著微生物的养殖场户，应选择效果确实的正规单位生产的菌种。选购商品菌种时应注意以下几点。

(1) 看菌种的使用效果。养殖户在选择商品菌种时，要多方了解，实地察看，选择在当地有试点、效果好、信誉好的单位提供的菌种。

(2) 选择正规单位生产的菌种。应选择经过工商注册的正规单位生产的菌种。生产单位要有菌种生产许可证和产品批准文号及产品质量标准。一般正规单位提供的菌种，质量稳定，功能强、发酵速度快、性价比高。

(3) 发酵菌种色味应纯正。商品菌种是经过一定程度纯化处理的多种微生物的复合体，颜色应纯正，没有异味。

(4) 产品包装要规范。商品菌种应有使用说明书和相应的技术操作手册，包装规范，有单位名称、地址和联系电话。

(二) 垫料选择

垫料的功能：一是吸附生猪排泄的粪便和尿液。垫料是由木屑、稻壳、秸秆等组成的有机物料，有较大的表面积和孔隙度，具有很强的吸附能力。二是为粪便和尿液的生物分解转化提供介质与部分养分。垫料和生猪粪便中大量的土著微生物，在有氧条件下可以使粪便和尿液快速分解或转化，人工接种的有益微生物可以加速这一过程。

微生物生长繁殖受多种因素的影响，如碳氮比、pH值、温度、湿度等。就猪粪尿而言，氮含量较高，碳氮比一般为 $(15\sim20):1$，而正常微生物生长最佳碳氮比为 $30:1$。发酵床的温度主要受发酵速度控制，而湿度除受排泄物本身含水率影响外，还要受到养殖过程的水供应及气候条件的影响。因此，微生物能否快速生长繁殖，取决于多种因素。

垫料的选择应该以垫料功能为指导，结合猪粪尿的养分特点，尽可能选择那些透气性好、吸附能力强、结构稳定，具有一定保水性和部分碳源供应的有机材料作为原料，如木屑、秸秆段（粉）、稻壳、花生壳和草炭等。为了确保粪尿能及时分解，常选择其他一些原料作为辅助原料。

1. 原料的基本类型

垫料原料按照不同分类方式，可以分成不同的类型。如按照使用量划分，可以划分为主料和辅料。

（1）主料。这类原料通常占到物料比例的80%以上，由一种或几种原料构成。常用的主料有木屑、稻壳、秸秆粉、蘑菇渣、花生壳等。

（2）辅料。主要是用来调节物料水分、碳氮、碳/磷、pH值、通透性的一些原料。由一种或几种组成，通常不会超过总物料量的20%。常用的辅料有腐熟猪粪、麦麸、米糠、饼粕、生石灰、过磷酸钙、磷矿粉、红糖或糖蜜等。

2. 原料选择的基本原则

垫料制作应该根据当地的资源状况来确定主料，然后根据主料的性质选取辅料。无论何种原料，其选用的原则如下。

（1）原料来源广泛、供应稳定。

（2）主料必须为高碳原料，且稳定，即不易被生物降解。

（3）主料水分不宜过高，应便于贮存。

（4）不得选用已经霉变的原料。

（5）成本或价格低廉。

3. 垫料配比

实际生产中，最常用的垫料原料组合是"锯末+稻壳""锯末+玉米秸秆""锯末+花生壳""锯末+麦秸"等，其中垫料主原料主要包括碳氮比极高的木本植物碎片、木屑、锯末、树叶等，禾本科植物秸秆等。

（三）垫料制作

垫料制作的主要步骤包括：原料破碎或粉碎、原料配伍混合、调节水分、与物料混合、高温消毒与稳定化处理、晾晒风干、包装贮藏。

1. 原料破碎或粉碎

破碎可以粗一些，粒径控制在 5~50 毫米为宜。值得注意的是，对于树枝等木质性材料，除了破碎之外，应增加一道粉碎工序，以免粒径过粗对猪产生机械划伤。

2. 原料配伍混合

一般来说，发酵床垫料以采用多种材料的复合垫料为佳，因为复合垫料比单一的垫料具有更全面营养和更强的酸碱缓冲能力。原料的复合配伍应充分考虑碳氮比率、碳/磷比率、pH 值及缓冲能力。复配后的混合物料的碳氮比率控制在（30~70）:1，碳/磷比率控制在（75~150）:1，pH 值应该在 5.5~9.0 以内。破碎或粉碎的物料按照上述配伍原则计算好各种物料的重量，按比例掺混在一起。

3. 调节水分与物料混合

按最终物料含水率45%~55%的要求，在将掺混好的原料上喷洒水，水可以用洁净的天然水体如河道、水塘中的水，但应确定未遭病原菌或化工污染。边洒水边用人工或搅拌机搅拌均匀。

4. 高温消毒与稳定化处理

由于垫料来源广泛，物理性状差异性很大，不同垫料制作工艺也存在差异。主要有简单高温消毒法和堆积腐熟法两种。

（1）简单高温消毒法。对于一些易降解的成分较少、性质比较稳定的原料如木屑、稻壳、花生壳等，每吨物料添加尿素 12 千克、过磷酸钙 5~10 千克，调节水分至 40%~45%，进行堆制，利用堆制过程中自然产生的高温杀死病原微生物，一般 55℃ 高温维持 3~4 天即可，中途翻堆 1 次。消毒后的材料可以直接投入发酵槽中使用，也可以风干储存备用。此消毒法也可以在发酵床中完成，但必须在猪进栏前 10~15 天投料，以确保生猪入栏时物料温度已经下降,不会对猪的生长产生不利影响。

(2) 堆积腐熟法。对于秸秆、蘑菇渣等易降解成分较高,稳定性较差的材料,则需要经过高温好氧堆积和二次堆积后熟处理,待物料性质基本稳定后,才能使用。第一次高温堆积55℃需维持3~4天,堆积时间7~10天。二次堆积时间控制在30天左右,中途翻堆一次。

5. 晾晒风干

经过10天左右的高温堆制,物料性状得到初步稳定,病原菌和虫卵被灭活,可以拆堆晾晒风干。若直接填入发酵床,水分控制在35%~40%。若需贮藏,则应晾晒至水分20%以下。

6. 包装贮藏

为方便运输和使用,风干备用的物料最好用废旧的化纤袋进行包装贮存,不要选用潮湿肮脏有霉变的包装袋包装。在以后使用过程中,如发现霉变,则应废弃不用。同时,贮藏时间不宜超过3个月。

(四) 垫料质量

通过高温堆制的垫料是否符合发酵床养殖的要求,通常可以通过以下定量和定性的标准来判断。

1. 定量标准

(1) 碳氮比率40%~60%。

(2) 粪大肠埃希菌数在100个/克以下。

(3) 蛔虫卵死亡率在98%以上。

(4) pH值在7.5左右。

(5) 物料粒径在5~50毫米。

2. 定性标准

(1) 物料结构松散,手握物料松开后不粘手。

(2) 垫料材料无恶臭或其他异味。

由于发酵床填入有大量经过发酵处理的有机垫料,有机垫料中本身含有大量的且生物活性较高的微生物。在发酵床养殖过程中，通常还人为接种生物菌剂以增加对粪便和尿液转化能力的有益微生物数量。因此，猪排出的粪便和尿液中的有机成分，在发酵床中微生物作用下，可以很快分解成为水和二氧化碳等简单物质，具有恶臭的氨气、硫化氢等也转变成无臭的硝酸盐、硫酸盐等，达到了猪粪尿等排泄物在养殖圈舍内原位降解的目的，减少了养殖过程中动物排泄物向外排放，而动物在发酵床上的活动对这一过程起到了加速作用。

四、发酵床垫料的日常管理

发酵床垫料操作及日常养护对于生猪排泄物原位降解及养殖环境质量有直接影响。发酵床垫料维护得当，生猪排泄物可迅速得到降解，恶臭成分得到转化，养殖床及硬化地面可保持相对清洁干爽，舍内无明显恶臭，空气质量良好。否则，发酵床分解能力差，床面和地面污秽潮湿，空气恶臭，养殖环境差，达不到经济环保健康养殖的目的。

（一）垫料的填充更换

新建发酵床、整体更换发酵床及部分更换发酵床垫料均需要进行垫料操作。

1. 充填空床

新建发酵床和整体更换发酵床垫料后，床内无垫料，需要对空床进行填充。填充前，先将通风用PVC管铺好，然后铺设通风层，该层离地面20厘米以内，垫料选用较粗的块状或条状材料，直径或长度以30~50毫米为宜。在通风层上面铺设降解层，颗粒粒径或长度以5~30毫米为宜。降解层厚度依据不同养殖对象、地区、季节铺设厚度不一样，断奶仔猪20~30厘米，育成猪30~40厘米。北方地区可以厚一些，南方地区宜薄一些，冬季要厚一些，夏季要薄一些。

通风层的铺设十分重要，它可保证整个发酵床系统通过墙体的通风口与外界的空气流通，由于发酵床上面温度高，热空气比重轻，往上运动产生负压，促进室外低温冷空气通过通气口进入发酵床，形成自然通风，以保持发酵床良好的氧气供应，促进发酵床粪便的有氧分解。

2. 部分更换垫料

当降解层被动物粪尿饱和、颗粒粒径变细、压实造成通风不良、分解粪便能力显著下降后，需要及时更换新的垫料，一般 1~2 年 1 次。更换时，仅需取出降解层即可，出料过程尽可能不扰动通风层。待降解层出料完全后，对通风层进行疏松处理，必要时可以更换或补充部分通风层物料。

需要提醒的是，无论是充填空床还是更换部分垫料，都要注意观察通风口是否完整且保持畅通，否则需要对通风口进行必要处理和维护，以保证整个发酵床的良好通风。

（二）垫料的日常养护

1. 垫料水分管理

垫料水分处于动态变化中，其含量主要由散失、输入与生成 3 个过程的速率所决定。发酵床温度高，水分蒸发量很大，北方地区或高温季节尤甚。水分的输入包括动物产生的粪尿水分、饮食跑冒滴漏进入发酵床的水分以及人为喷洒药剂、接种等带进的水分。生成是指在发酵床降解粪尿及垫料有机物过程中，通过生化作用产生水分。正常情况下，养殖密度和空气湿度适当情况下，垫料的水分可以基本保持平衡，维持在 45% 左右的最佳水分状态。若水分过高，应该查找是否有饮用水渗漏的情况，如有应及时修补，还应增加人工翻动次数，以保持发酵床氧气供应。若水分过低，要及时进行加湿喷雾补水。

2. 疏粪管理

由于生猪有集中定点排泄粪尿的行为特点，自然状态下发酵床粪便分布不均匀，粪尿集中的地方湿度大，分解速度慢，只有将粪尿与垫料混合均匀，才能保证粪尿在较短的时间内彻底分解干净。通常保育猪可 2~3 天进行一次粪尿人工疏理，大中猪应该 1~2 天进行 1 次。夏季每天要进行粪便的掩埋，把新鲜的粪便掩埋到 20 厘米以下进行发酵，避免臭味、滋生蝇蛆。其余时间，通常 3 天进行 1 次疏粪管理。

3. 垫料通透性管理

由于动物踩踏、物料颗粒分解等因素的影响，使垫料颗粒细化和实密化，孔隙度下降，通透性整体呈下降的趋势，但如管理不当，更容易造成局部或整体通透性不良，不仅影响粪尿水分下渗，造成表面潮湿，也因通气不良，粪尿分解速率下降，还可能因湿度过大造成病原微生物的滋长。改善通气需要人工定期与不定期翻动，一般情况下保育猪翻动 10~20 厘米、育成猪翻动 20~30 厘米。但一批猪出栏后，需要彻底将降解层翻动一次，并保证上下物料混合均匀。

4. 菌剂的使用管理

在第一次进料时，按 1.0 千克/平方米接种自制的微生物接种剂或按其他商业菌剂使用说明的用量，均匀地喷洒在物料上，充分混匀后才进行垫料，以后当发酵床生物活性降低，出现异味或恶臭时，可以结合水分补给喷洒菌剂，喷洒菌剂后注意翻动表层物料以保证菌剂在垫料表层分布均匀。

5. 补充营养液

一般来说，发酵床中的土壤微生物具有较强的活性，只要垫料配方和猪的粪尿量适当，就可以保证微生物正常发酵所需要的营养。在发酵床垫料制作时需要快速启动或是日常运行中发酵不理想时，用红糖水作营养液适当泼洒，就可以促进土著微生物生长繁殖。

6. 垫料的补充和更新

因发酵床垫料的消耗，需要及时给予补充和更新。当按日常操作规程养护时，高温段向发酵床表面位移，或者发酵床持水能力减弱，从上往下水分含量逐步增加时就需更新发酵床垫料了，此时可以增加有机物含量，如锯末等加以混合或用部分发酵好的垫料进行更新。

7. 用药管理

发酵垫料上不得使用化学药品和抗生素类药物,因其对发酵微生物具有杀伤作用,会使微生物的活性降低,不利于微生物的正常繁殖活动。但垫料床以外和舍外环境可用消毒剂进行正常消毒,以抑制和杀灭垫料外部环境中有害菌的生长繁殖。

8. 出栏后垫料管理

猪出栏后垫料的堆积发酵十分重要。一批猪全部出栏后,要用小型挖掘机或铲车,亦可人工将垫料从底部彻底翻动一遍,并适当补充垫料和发酵菌种,重新混合发酵。发酵过程中,垫料温度可达到70℃,发酵时间10~15天。

(三) 垫料的再生与堆肥

发酵床垫料有一定的使用周期,因垫料性质、饲养与管理方式的不同存在较大差异,较短的为数月,最长可达5年以上。一般来说,农作物秸秆类等易降解的材料使用寿命较短,草炭、果壳、树皮和木屑等难降解的材料使用寿命较长。养殖密度大、发酵床负荷重的垫料使用时间短,反之使用时间长。

发酵床垫料不能无限期使用的原因主要有两点:一是由于动物踩踏及微生物分解作用,造成物料的颗粒变细,有机物不断分解,有机成分含量降低,从而导致垫料的通透性和吸附性变差。二是长期使用后的垫料中积累大量由粪尿带来的盐分以及物质转化产生的盐分离子,如Na^+、K^+、Ca^{2+}、Cl^-、NO_3^-、SO_4^{2-}等,使用年限超过3年的垫料其盐分含量往往超过2%,盐分的升高对微生物活性产生抑制作用,过高的盐分导致发酵床的降解能力下降甚至丧失。

1. 垫料再生

在我国,优质的垫料资源如木屑等比较缺乏,垫料的再生和重复使用是发酵床养殖节本的重要措施。对于使用时间较短,吸附性能和微生物活性下降的发酵床垫料,可以经过再生处理后重新利用。操作方法是:从发酵床中取出垫料,在阳光下暴晒2~3天,通过高温和紫外线对垫料进行消毒处理。再用 5 毫米筛进行过筛，筛上部分为粗料，吸附的盐分相对较少，透气性良好，为再生垫料，返回发酵床重新使用。筛下部分，含盐分高，透气性差，不宜返回发酵床，但可以经过处理后做有机肥料使用。

2. 垫料堆肥

对于已经达到使用年限，没有再生必要的垫料以及在垫料再生过程中淘汰的部分，可以采用高温堆肥处理方式，对垫料进行高温杀菌消毒和腐熟，制成有机肥料，实现发酵床垫料的资源化利用。

堆肥方法：将垫料取出，调节垫料水分约为 65%，即手挤后出水，松手后能够散开的程度，调节水分后，将垫料堆成 1 米高、2 米宽，长度视堆肥地点与物料多少自行调节，用塑料布盖上，以防雨水及水分散失太快。春、夏、秋季，一般堆后的第 2 天即可升温至 45℃以上，经高温堆肥 1 周后，翻堆 1 次，如果水分不足，适当补充水分，然后再堆制，经过 2~3 周后，即可成为腐熟堆肥。

五、畜禽粪便能源化利用技术与农业循环模式

（一）畜禽粪便能源化概述

畜禽粪便转化成能源的途径主要有两条：一是直接燃烧，适于草原上的牛粪、马粪等；二是利用厌氧发酵为核心的沼气能源环保工程，适于现代规模化、集约化畜禽健康养殖中应用。

沼气法的原理是利用厌氧细菌的分解作用，将有机物（碳水化合物、蛋白质和脂肪）经过厌氧消化作用转化为沼气和二氧化碳。沼气法具有生物多功能性，既能够营造良好的生态环境，治理环境污染，又能够开发新能源，为农户提供优质无害的肥料，从而取得综合利用效益。沼气法在净化生态环境方面具有明显的优势，一是该技术将污水中的不溶有机物变为溶解性的有机物，实现了无害化生产，从而净化环境。二是利用该技术生产的沼气，能够实现多种用途应用。不仅可以用于燃烧产热，还可以用来发电，供居民日常生活。沼气还可以

用于生产，如作为以汽油机或柴油机改装而成的沼气机的燃料，搞发电或农副产品加工，用于沼气制造厌氧环境，储粮灭虫、保鲜果蔬；用沼气升温育苗、孵化、烘干农副产品等。沼液、沼渣可以直接排入农田或者加工成液体、固体有机肥等，施于农田、果园、林地等用来改善土壤结构，增加土壤有机质，促进作物、果、蔬、林的增产增收，也可经过加工用作饲料等。

随着在建的和已建成的大中型沼气工程数量不断上升，许多问题逐渐暴露出来：如修建大型沼气池及其配套设备一次性投资巨大；产气稳定性受气候、季节的影响较大；工程运行时间长，耗水多，残留大量沼液，其中有机污染物、氨氮等浓度高，很难达标排放，造成二次污染。大中型沼气工程的运营管理出现新的问题，例如管理制度不完善、工作人员积极性不高、技术工艺出现各种损坏，导致产气不足；管理模式不合理、经济效益降低等问题，最终导致部分沼气工程的综合运行效率不高。

（二）畜禽粪便沼气化原理

沼气发酵的过程，实质上是畜禽粪便的各种有机物质不断被微生物分解代谢，微生物从中获取能量和物质，以满足自身生长繁殖，同时大部分物质转化为甲烷和二氧化碳。沼气发酵过程通常分为水解发酵阶段、产酸阶段和产甲烷阶段3个阶段。一般参与沼气发酵的微生物分为发酵水解性细菌、产氢产乙酸菌和甲烷菌三类。经过一系列复杂的生物化学反应，物料中约90%的有机物被转化为沼气，10%被沼气微生物用于自身消耗。

1. 畜禽粪便产沼过程

（1）水解发酵阶段。各种固体有机物通常不能直接进入微生物体内被微生物利用，必须在好氧和厌氧微生物分泌的胞外酶、表面酶（纤维素酶、蛋白酶、脂肪酶）作用下，将固体有机质水解成分子量较小的可溶性单糖、氨基酸、甘油、脂肪酸等，这些分子量较小的可溶性物质进入微生物细胞之内被进一步分解利用。

（2）产酸阶段。单糖、氨基酸、脂肪酸等各种可溶性物质在纤维素细菌、蛋白质细菌、脂肪细菌、果胶细菌胞内酶的作用下继续分解转化成低分子物质，如丁酸、丙酸、乙酸及醇、酮、醛等简单有机物质，同时也有部分氢、二氧化碳和氨等无机物释放出来。由于该阶段主要的产物是乙酸，占到70%以上，因此称为产酸阶段。参加这一阶段的细菌称为产酸菌。

（3）产甲烷阶段。产甲烷菌将上一阶段分解出来的乙酸等简单有机物分解成甲烷和二氧化碳，其中二氧化碳在氢气的作用下还原成甲烷。该阶段称为产气阶段或者产甲烷阶段。

上述3个阶段是相互依赖、相互制约的关系，三者之间保持动态平衡才能维持发酵持续进行，沼气产量稳定。水解阶段和产酸阶段的速度过慢或者过快，都将影响产气阶段的正常进行。如果水解阶段和产酸阶段的速度过慢，则原料分解速度低，发酵周期延长，产气速率下降；如果水解阶段和产酸阶段速度太快，超过了产气阶段所需要的速度，就会导致大量酸积累，引起物料的pH值下降，出现酸化的现象，从而进一步抑制甲烷的产生。

2. 畜禽粪便产沼工艺

沼气发酵过程中由多种细菌群共同参与完成，这些细菌在沼气池中进行新陈代谢和生长繁殖过程中，需要一定的生活条件。只有为这些微生物创造适宜的生活条件，才能促使大量的微生物迅速繁殖，才能加快沼气池内有机物质的分解。此外，控制沼气池内发酵过程的正常运行也需要一定的条件。人工制取沼气必须具有发酵原料（有机物质）、沼气菌种、发酵浓度、酸碱度、严格的厌氧环境和适宜的温度。

（1）发酵原料。沼气发酵原料是产生沼气的物质基础，也是沼气发酵细菌赖以生存的养分来源。沼气发酵通常根据发酵原料干物质浓度不同，将厌氧发酵分为湿法厌氧发酵和干法厌氧发酵。湿法厌氧发酵的原料浓度一般在10%以下，原料呈液态。而干法厌氧发酵的原料浓度一般在17%以上，培养基呈固态，虽然含水丰富,但没有或有少量自由流动水。

目前国内普遍采用的畜禽粪便湿法厌氧发酵技术,在处理采用干清粪的牛场或鸡场粪便时,需要将畜禽粪便稀释到8%左右的浓度,消耗了大量的清洁水,发酵后的产物浓度低,脱水处理相当困难,以至发酵产物难以有效利用。

干法厌氧发酵能够在干物质浓度较高的情况下发酵产生沼气,节约了大量的水资源,处理后无沼液,沼渣可制成有机肥,基本上达到了零污染排放。该方法在德国、荷兰等国家和地区的运用已经取得成功。干法厌氧发酵是"气肥联产"生产模式,其特点是干(法)、大(批量)、连(续化生产)3个字。"干"(法)是相对于目前沼气的"湿法"发酵工艺而提出的,基本原理就是畜禽粪便在发酵前不用添加大量的水,而是在固态状态下装入密闭的容器中进行厌氧发酵。发酵过程不断产生的沼气被收集并储存在储气罐里,生产过程没有沼液产生,最后得到的沼渣便是固态的有机肥,可对其进一步加工形成优质有机肥。沼气和有机肥生产合成在一个流程里"一气呵成",具有水资源消耗少、资源化利用程度高、基本做到零排放、有机肥熟化程度好等优点。"大"(批量)和"连"(续化生产)是干法气肥联产生产线的又一显著特点,非常适合于大、中型养殖规模的养殖场配套建设,形成养殖—"三化"处理—种植—养殖良性循环的产业链。

(2)发酵原料的碳氮比(C/N)比。畜禽粪便中富含氮元素,这类原料经过动物肠胃系统的充分消化,一般颗粒细小、粪质细腻,其中含有大量未经消化的中间产物,含水量较高。因此在进行沼气发酵时可以直接利用,很容易分解产气,发酵时间短。

氮素是构成微生物躯体细胞质的重要原料,碳素不仅构成微生物细胞质,还负责为微生物提供生命活动的能量。发酵原料的碳氮比不同,沼气产生的质和量差异也比较大。从营养学和代谢作用的角度来看,沼气发酵细菌消耗碳的速度比消耗氮的速度要快25~30倍。因此,在其他条件都具备的情况下，碳氮比例为（25~30）：1时可以满足微生物对氮素和碳素的消耗需求，因此原料的碳氮比值在该范围内可以保证顺利产气。人工制沼过程中需要对投入沼气池的各种发酵原料进行配比，以达到合适的碳氮比来保证产气稳定且持久。

（3）沼气菌种。通常参与沼气发酵的微生物分为发酵水解性细菌、产氢产乙酸菌和产甲烷菌三类，其中产甲烷菌是沼气发酵的核心菌群。此类细菌广泛存在于厌氧条件中富含有机物的地方，例如湖泊、沼泽、池塘底部、臭水沟污泥、积水粪坑、动物粪便及肠道、屠宰场、酿造厂、豆制品厂、副食品加工厂等阴沟中以及人工厌氧消化装置、沼气池等。

沼气发酵人工接种的目的在于：一方面可以加速启动厌氧发酵的过程，而后接入的微生物在新的条件下繁殖增生，不断富集，以保证大量产气。农村沼气池中一般加入接种物的量为投入物料量的10%~30%。另一方面加入适量的菌种可以避免沼气池发酵初期产酸过多而抑制沼气产出。通常接种量大，沼气发生量大，沼气的质量也好；如果接种量不够，常常难以产气或者产气率较低，导致工程失败。

（4）严格的厌氧环境。沼气发酵需要一个严格的厌氧环境，厌氧分解菌和产甲烷菌的生长、发育、繁殖、代谢等生命活动都不需要氧气，环境存在少量的氧气就会抑制这些微生物的生命活动，甚至死亡。因此在修建沼气池时要确保严格密闭，这不仅是收集沼气、贮存沼气发酵原料的需要，也是保证沼气微生物正常生命活动、工程正常产气的需要。

（5）适宜的发酵温度。发酵物料合适的温度能够保证沼气微生物快速生长繁殖，沼气产量足够多；而温度不适合，沼气菌生长繁殖慢，沼气产量少甚至不产气。研究表明，温度在10~70℃，均能完成产沼过程。在此温度范围内，温度越高，越有利于微生物生长代谢，有机物的降解速率较快，产气量高；低于10℃或高于70℃时，微生物的活性均会受到严重抑制，产气很少，甚至不产气。在产沼过程中,需要保持发酵料温度的相对稳定。温度突然变化超过5℃以上,产气会立刻受到影响。通常在不同温度范围内有不同的沼气微生物发挥作用,在52~60℃发挥主要作用的是高温微生物,此范围属于高温发酵;在32~38℃发挥主要作用的是中温微生物,此为中温发酵;在12~30℃发挥主要作用的是常温微生物,此为常温发酵。大量工程实践证明,农户用沼气池采用15~25℃的常温发酵是最经济适用的。然而也恰恰是由于这个原因,导致沼气池在一年之中产气量不均匀,夏季产气量大,冬季产气量小、甚至不产气,而农户对沼气的需求却冬季相对较大,这样就出现产气量与需求量之间的不平衡,需要加强冬季管理,增强保温,以保证冬季沼气的正常供应。

(6) 适宜的pH值。产沼气微生物的生长、繁殖都要求发酵原料保持中性或微碱性。发酵原料过酸、过碱都会影响产气。正常产气要求发酵原料的pH值介于6~8即可。发酵原料在产沼气的过程中,其pH值会先由高降低,再升高,最后达到恒定。这是因为在发酵初期由于产酸菌的活动,池内产生大量的有机酸,会导致发酵环境呈现酸性;发酵持续进行过程中,氨化作用产生的氨会中和一部分有机酸,再加上甲烷菌的活动,使大量的挥发性酸转化为甲烷和二氧化碳,pH值逐渐回升到正常值。通常pH值的变化是发酵原料自行调节的过程,无须人为干预。但是当物料配比失当、管理不善、发酵过程受到破坏的情况下,就有可能出现偏酸或者偏碱的发生,这时就需要人为加以调节。在实际案例中,由于加料过多造成的"酸化"现象时有发生。当沼气燃烧的火苗呈现黄色,说明沼气中的二氧化碳含量较高,沼液pH值下降。一旦酸化现象总物料的pH值达到6.5以下,应立即停止进料和适量的回流搅拌,待pH值逐渐上升再恢复正常。如果pH值达到8.0以上,应该投入接种污泥和堆沤过的秸草,使pH值逐渐下降恢复正常值。

(7) 适当搅拌。实践证明,适当的搅拌方法和强度,可以使发酵原料分布均匀，增强微生物与原料的接触，使之获取营养物质的机会增加，活性增强，生长繁殖旺盛，从而提高产气量。搅拌又可以打碎秸壳，提高原料的利用率及能量转换效率，并有利于气体的释放。搅拌后，平均产气量可以提高30%以上。

沼气发酵体系是一个复杂的生态系统，微生物多样性结构决定了其发挥的功能。工程和工艺改进的最终目标都是提供给微生物适宜生长的发酵条件，使其充分发挥生态功能，从而能够高效降解和转化大分子有机物。因此，应用新的技术方法准确地把握沼气发酵体系中微生物群落结构与功能，创造适宜的微生物发酵条件是实现沼气发酵高效运行的关键。

第四节 畜禽粪污治理案例

一、猪场"猪—沼—油"循环农业经济模式

（一）猪场概况

江西盛源牧业有限责任公司蒋家猪场作为江西云河实业有限公司的子公司，位于万年县石镇蒋家村，占地面积120亩（1亩≈667平方米，全书同），猪场现有职工32人，技术人员6人。猪场三面环山，一面临水，自然隔离条件优越，猪场总建筑面积13 340平方米，其中，母猪舍10幢，面积5 200平方米；商品猪舍12幢，面积6 100平方米；其他绿化等配套设施2 500平方米。2012年存栏猪约4 000头，其中，能繁母猪550头，年出栏商品猪10 000头。年排猪粪约2 600吨、污水约29 000吨。配套建设油茶林3 500多亩。

（二）猪场粪便收集和贮存

猪场依靠山坡自然倾斜坡度，傍山而建，采用干清粪、雨污分流、干湿分离工艺设计，人工清理出的干粪和含水量不高的猪粪直接运输到100立方米的堆粪池，池顶部设有两个下粪口。

该场共有2个堆粪池，交替使用。每个堆粪池容纳约15天的

干粪。其中，一个粪池堆满后，开始使用另一个堆粪池，第二个堆粪池使用期间，用农用车将第一个堆粪池中经发酵的干粪运输到果园的堆粪池继续堆放发酵，当第二个堆粪池堆满后，接着使用第一个堆粪池，如此往复。

（三）猪场污水沼气工程处理系统

1. 猪场污水前处理

猪栏一般不用水冲，场区的粪尿及少量溢出的饮用水与粪渣等自流到专用污道，经污水管（直径约60毫米）集中到栏栅池（250立方米），经过斜板筛（筛孔规格1.5厘米×1.5厘米）进行固液分离预处理后，除去污水中悬浮杂物、沉砂等；固液分离预处理后的污水依靠落差（约1.5米）自流进入水解酸化池（直径8米，约300立方米），将复杂的有机物分解为简单的有机物质，减少厌氧发酵的有机负荷，提高发酵速率。

2. 猪场污水厌氧发酵

经水解酸化后的污水自流进入地下式的厌氧发酵处理，该发酵采用"斗墙布水折流厌氧发酵工艺"，废水在发酵池内呈"W"上下折流，废水经过多次折流充分厌氧发酵后，沼气通过专用管道经汽水分离、脱硫后进入200立方米贮气罐（悬浮式）。

3. 沼气的利用

污水厌氧发酵产生的沼气，除用于猪场冬季供热保暖、食堂做饭和职工洗澡等生活用能外，其余部分免费输送给附近村庄作为居民生活用气。

4. 沼液的处理和利用

沼液进入沉淀池进行二级沉淀处理，沉淀的清理采用人工不定期进行。

经过沉淀后的沼液通过污水泵（15千瓦）抽送到专门的沼液管道送到油茶林的沼液贮存池，以贮存或再通过污水泵送到各油茶林喷管进行喷灌，正常时每2天1次。沼渣和沼液均用于公司蒋家油茶林基地的施肥与喷灌,实现循环利用。

(四)猪场粪污处理系统经济效益分析

猪场采用雨污分流、干清粪工艺,尽量减少养殖用水,并加大养殖污水污物的无害化处理及循环利用,自2008年以来,公司投资180多万元用于粪污处理设施建设。粪污处理系统建成后,公司年产沼气12万立方米,每立方米沼气按1.5元计算,年收入达18万元;年产沼液4万吨,每吨按6元计算,年收入达24万元;沼渣、干粪等干物质处理成有机复合肥,年产400吨,每吨按200元计算,年收入达8万元;猪场废弃物处理系统的年收益达到50万元。据此测算,3~4年可收回投资成本。

(五)猪场粪污处理系统生态效益分析

该场干粪、沼渣及沼液用于公司蒋家油茶林基地的施肥与喷灌,使养殖企业的废弃物粪污成为过去,猪场产生的污染源从源头上得到了根治,改变了周边的环境,同时污水经厌氧发酵处理后,变废为宝,使之转化为高效农业种植肥料,促进了农产品的升级,为无公害、绿色和有机食品油茶的种植提供了宽广的发展平台,提高了市场竞争力和产品的附加值,促进了生猪养殖业的可持续发展。

二、猪场污水厌氧+好氧达标排放与粪便农业利用

(一)猪场概况

湖南省岳阳市正虹科技股份有限公司正虹凤凰山原种猪场存栏规模60 000头,存栏母猪3 000头,该养殖场高度注重养殖废弃物的处理,先后投资1 500万元,已经建成了日处理500吨养殖污水的沼气发电厂,厌氧沼液经过好氧和氧化塘处理后实现达标排放,固体粪便直接进行农业利用。

(二)猪场粪便收集和贮存

猪舍内粪便采用人工干清粪,清理出的干粪直接运送至堆粪池,地面冲洗的粪污水经过固液分离和干化池处理后,分离出粪渣

和污水，其中，粪渣与舍内清理出的固体粪便一起在堆粪池中贮存1周左右，供周围农户用于种植或水产养殖，堆粪池有防雨顶棚，地面进行硬化处理。

（三）猪场污水处理工艺流程

该场污水采取厌氧与好氧相结合的达标排放工艺（图4-4），具体工艺流程如下。

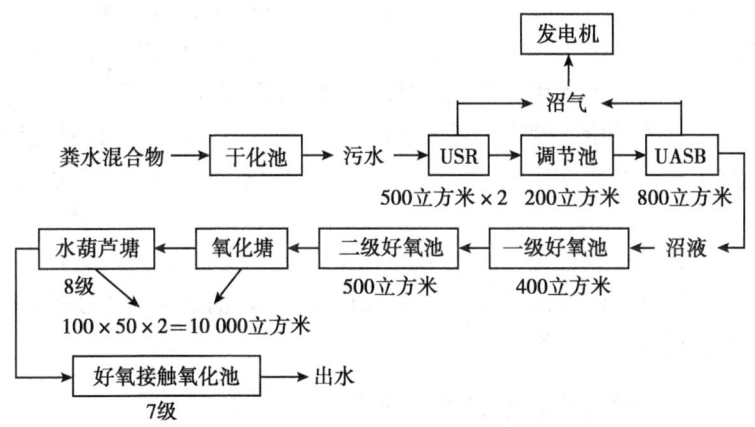

图4-4 猪场污水厌氧+好氧处理的达标排放工艺

猪场粪污经过固液分离机分离的污水，首先进入一级厌氧发酵池，采用升流式固体厌氧反应器（USR），污水在其中的停留时间为2~3天，之后经过缓冲池，进入二级厌氧发酵池（UASB，800立方米），在其中停留1.5~2.5天。一级和二级厌氧发酵产生的沼气进行发电，每天发电700~800千瓦时，主要用于污水后端的好氧曝气，其余再用于猪场的运行。

（四）猪场沼液达标排放处理

经过二级厌氧发酵处理后，所产生的沼液首先进入400立方米的一级好氧池，采用序批式活性污泥法（SBR）进行好氧曝气处理；之后进入500立方米的二级好氧池，采用生物接触氧化工艺处理，进行生物氧化处理；出水进入 10 000 立方米的氧化塘和 8 级水生植物塘，在其中停留 1 个月左右；处理出水，最后进入模块化污水处理系统进行贮存处理后达到排放。

目前，该场污水处理系统的出水口安装了在线监测系统，实时在线监测，确保达标排放。

（五）猪场污水处理的经济效益分析

目前，该工程日处理养殖污水 300～500 吨，日发电量 500～800 千瓦时，发电在满足猪场污水好氧处理用电的基础上，还可以供全场生产和生活用电 10 小时以上，能降低猪场的电能支出。

由于该场位于湖南省岳阳市汨罗江畔，临近水源，因而对猪场排放出水的水质要求很高。目前，猪场采用的多级好氧净化系统能满足环保要求。

尽管由于达标排放的能耗高，猪场粪污处理的收益很有限，但是，由于该场的粪污设施建设得到了国家项目的支持，该场的环保投资和运行压力并不大。

三、奶牛场污染物综合治理工程

（一）奶牛场概况

山东银香伟业集团第三奶牛养殖小区存栏奶牛 5 000 头，占地约 1 000 亩。废弃物综合治理工程占地 150 亩，约占整个小区面积的 15%，总投资 2 500 多万元，厂房建筑面积 18 000 平方米，硬化堆肥厂面积 45 600 平方米。配有德国 Backhus 进口翻抛设备 2 台套、意大利 Warm 进口固液分离机 4 台套、堆肥生产设备 1 套、高低压配电系统 1 套、沼气工程系统 1 套、10 000 立方米沼气池 2 座、污水汇聚系统一套、沼气集中供热系统 1 套、160 千瓦沼气发电系统 1 套、运输车辆 4 台、配套道路建设、围墙建设、绿化建设等。

(二) 奶牛场污水处理

养殖小区采取节水减排措施，产生的少量废水全部流入集水管道，最后汇集到污水暂存池，污水暂存池的水与沼气工程的沼液上清液混合，用来稀释牛粪，然后进行固液分离。固液分离后的液体全部进入沼气工程，沼气发酵采用了软体沼气池，节省了投资成本，而且安全、高效，实现了与有机农业季节施肥相适应。软体沼气池存储量约 20 000 立方米，其中，10 000 立方米为全封闭式发酵池，这就保证了沼气工程中的料液能够完全发酵，减少了臭气的产生和挥发，而且提高了沼液的品质。

沼气池年产沼气 100 万立方米，用于锅炉燃烧可节约标煤 700 多吨，或用于发电可年产 100 万度，同时减少二氧化碳排放 700 多吨，节省资金 70 万元，所产沼渣、沼液全部施用到农田，既改良了土壤，同时又达到了杀灭害虫及虫卵的效果。

沼气反应池采用半地下软体反应池取代原来的碳钢反应罐和贮气罐，减少投资，并且实现了安全、高效和季节调节。沼气采用燃烧和发电互补的办法，热能利用率高，经济效益好。

（三）奶牛场粪便处理

固液分离后的固形物全部运到有机肥厂，无害化发酵处理后生产有机肥或土壤培养基。每年可产优质堆肥或有机土壤培养基 3 万吨。

该模式首先将奶牛场牛粪尿等全部废弃物和沼液上清液进行混合、粗筛分后，用泵将混合液泵入公司自主创新固液分离系统。挤出的固体牛粪半干料运至有机肥厂，通过高效翻抛系统进行有机肥发酵，生产的有机肥和有机土壤培养基用于公司的有机基地培养、自控土地改良和肥料市场销售，种植的有机饲料玉米饲喂高产奶牛，其他粮、果、蔬菜部分还用于开发有机农产品并推向市场。另外，一部分牛粪还用于蚯蚓养殖、菇业种植以及蚂蚱养殖，开发牛粪的多渠道利用模式，从而促进生态农业的快步发展。

四、奶牛场粪污厌氧发酵+固液分离处理案例

(一) 牧场概况

现代牧业（肥东）有限公司位于安徽省合肥市肥东县白龙工业聚集区，成立于 2009 年 12 月 2 日，注册资本 5 000 万元人民币，是现代牧业（集团）有限公司的全资子公司。公司占地 2 380 亩，其中建筑面积 600 亩，现有牛舍 24 栋，青贮池 15 个、青贮平台 1 座可以存放 10 万吨青贮饲料，消毒室 2 个、品控实验室 2 个。现代牧业（肥东）有限公司目前奶牛存栏 18 500 头，其中，泌乳牛 11 000 头，育成牛 5 000 头，犊牛 2 500 头。为满足公司正常生产，牧场建设 4 台 80 位转盘挤奶机用于挤奶。牧场将国外的半地下式中温发酵应用于牧场的粪污处理中，每年可生产沼渣 9 万吨。

(二) 粪污产生情况

现代牧业（肥东）有限公司常年存栏奶牛近 2 万头，推算养殖场的粪污量：日产鲜牛粪 25 千克/头 × 20 000 头 = 500 吨，排尿量 30 千克/头 × 20 000 头 = 600 吨，冲洗污水量 20 千克/头 × 20 000 头 = 400 吨，每天排放的粪、尿及冲洗废水总量约为 1 500 吨。

(三) 粪污处理工艺

企业在生产过程中排出的粪污主要为奶牛产生的粪尿、冲洗废水。主要污染物为 COD、NH_3-H 等。企业粪污处理站采用厌氧发酵+固液分离的主体处理工艺（图 4-5）。

(四) 粪污收集

泌乳牛舍：粪污由刮板从牛舍两头刮入牛舍中央的粪沟，牛舍半段长 180 米，共有 12 个粪道，每个粪道每 2 小时出一次粪。刮入粪沟里的粪由循环的粪污上清液冲入调节池。

干乳牛舍：粪污由刮板从牛舍刮入牛舍一端，牛舍长 180 米。共有 4 个粪道，每个粪道每 2 小时除一次粪。刮入粪沟里的粪由循环的粪污上清液冲入调节池。

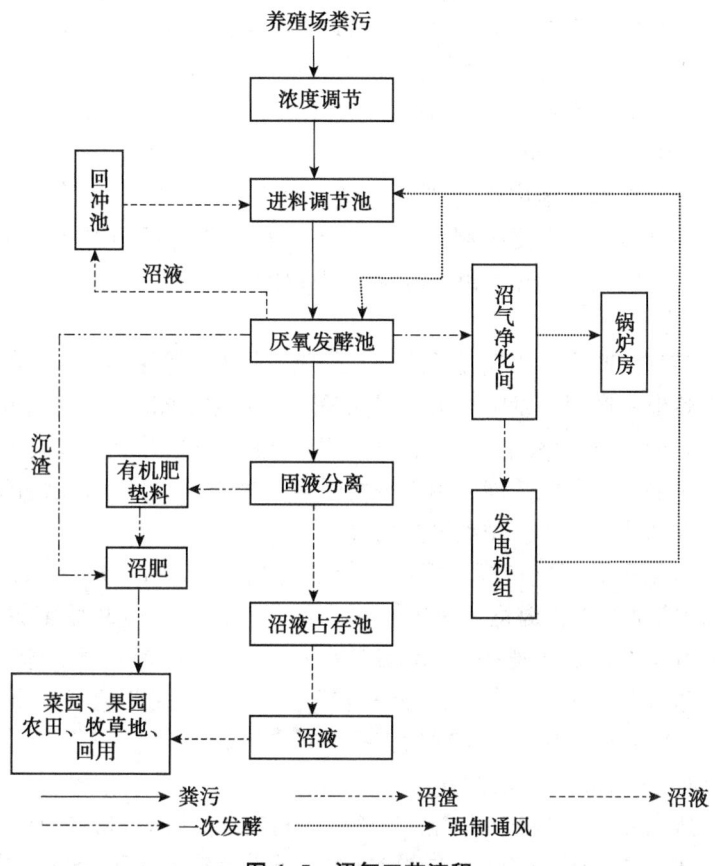

图 4-5 沼气工艺流程

(五) 粪污的水冲输送

冲洗用水既可是粪污的上清液,也可是粪污发酵后的沼液上清液,水冲粪液在保证流动性的前提下,尽量提高浓度。冲洗液能循环利用,对粪沟截面尺寸及粪沟坡度进行准确设计,使冲洗水用量最小,且不至于污粪沉积于粪沟。冲洗时间和牛舍出粪时间联控,节约冲洗时间。

调节好的高浓度料液（TS 5.6%）进入进料调节池，再由螺杆泵泵入厌氧发酵池，并由电磁流量计控制泵入量。

粪污的冲洗及输送采用全自动控制。

（六）粪污发酵

粪污在沼气池内进行厌氧发酵，生产沼气。采用中温厌氧发酵，沼气池内的温度控制在35℃左右，采用盘管换热方式，加温热源为发电机组余热。沼气池设有温度传感器。

（七）沼气

沼气池产生的沼气经过除尘、脱硫、脱水、稳压等净化过程后进入热电联产沼气发电机组和沼气锅炉。产生的电能全部自用或供周边企业、居民使用，沼气锅炉产生的热能主要用于厌氧罐的增温、保温，多余的热能可用于挤奶厅等温度调节。沼气在使用的过程中注意防火防爆，做到安全用气。

净化后的沼气指标：甲烷体积含量不低于55%；$H_2S \leqslant 20$ 毫克/标准立方米；温度≤35℃；最大温度梯度0.5%/30秒；压力10~50千帕，变化速率10千帕/30秒；最大粉尘颗粒度1微米；粉尘最大含量5毫克/标准立方米CH_4；氨最高含量2毫克/标准立方米CH_4；硅灯化合物10毫克/标准立方米CH_4。

（八）沼渣、沼液的处理

厌氧发酵后沼液泵入固液分离机，固液分离后的固态物质（沼渣）进一步干化，部分用作牛舍垫料，部分生产有机肥，部分沼液回用。大部分沼液进入沼液贮存池，作为周边地区无公害蔬菜、果园和牧草基地的优质有机液肥使用，实现污染物的零排放。在征得附近农户许可的情况下，在农田内每10亩配套建设一处100立方米的田间沼液贮存池，由养殖场的沼液运输车定期运送沼液。所有沼液贮存池均做防渗处理，防止沼液对周边环境产生不利的影响。

分离后的沼渣含水量不大于65%，最终进入沼液池的沼液含固率不大于1%。

第五章　村容村貌规划

第一节　乡村道路规划

一、乡村道路用地的规划

在规划美丽乡村对外交通公路时，通常是根据公路等级、乡村性质、乡村规模和客货流量等因素来确定或调整公路线路走向与布置。在美丽乡村中，常用的公路规划布置方式如下。

（1）把过境公路引至乡村外围，以切线的布置方式通过乡村边缘。这是改造原有乡村道路与过境公路矛盾经常采用的一种有效方法。

（2）将过境公路迁离村落，与村落保持一定的距离，公路与乡村的联系采用引进入村道路的方法布置。

（3）当乡村汇集多条过境公路时，可将各过境公路的汇集点从村区移往乡村边缘，采用过境公路绕过乡村边缘组成乡村外环道路的布置方式。

（4）过境公路从乡村功能分区之间通过，与乡村不直接接触，只是在一定的入口处与乡村道路相联结的布置方式。

（5）高速公路的定线布置可根据乡村的性质和规模、行驶车流量与乡村的关系，可规划为远离乡村或穿越乡村两种布置方式。若高速公路对本村的交通量影响不大，则最好远离该村布置，另建支路与该村联系；若必须穿越乡村，则穿入村区段路面应高出地面或修筑高架桥，做成全程立交和全程封的形式。

二、乡村道路的主要类型

根据乡村所辖地域范围内的道路按主要功能和使用特点，应划分为村内道路和农田道路。

1. 村内道路

村内道路，是连接主要中心镇及乡村中各组成部分的联系网络，是道路系统的骨架和交通动脉。村内道路按国家的相关标准划分为主干道、干道、支路3个道路等级。

2. 农田道路

农田道路是连接村庄与农田，农田与农田之间的道路网络系统，主要应满足农民、农业生产机械进入农田从事农事活动，以及农产品的运输活动。

对农田道路进行规划时，主要分机耕道和生产路。在机耕道中，又分为干道和支道这两个级别。农田道路的红线宽度：机耕道的干道为6~8米，支道为4~6米；生产路为2~4米。车行道宽度在3~5米。

三、乡村道路系统的规划

乡村道路系统是以乡村现状、发展规划、交通流量为基础，并结合地形、地貌、环境保护、地面水的排除、各种工程管线等，因地制宜地规划布置。规划道路系统时，应使所有道路分工明确，主次清晰，以组成一个高效、合理的交通体系，并应符合下列要求。

1. 满足安全

为了防止行车事故的发生，汽车专用公路和一般公路中的二、三级公路不宜从村的中心内部穿过；连接车站、码头、工厂、仓库等货运为主的道路，不应穿越村庄公共中心地段。农村内的建筑物距公路两侧不应小于30米；位于文化娱乐、商业服务等大型公共建筑前的路段，应规划人流集散场地、绿地和停车场。停车场面积按不同的交通工具进行划分确定。汽车或农用货车每个停车位宜为25~30平方米；电动车、摩托车每个停车位为2.5~2.7平方米；自行车每个停车位为1.5~1.8平方米。

2. 灵活运用地理条件，合理规划道路网走向

道路网规划指的是在交通规划基础上，对道路网的干、支道路的路线位置、技术等级、方案比较、投资效益和实现期限的测算等的系统规划工作。对于河网地区的道路宜平行或垂直干河道布局。跨越河道上的桥梁，则应满足通航净空的要求；山区乡村的主要道路宜平行等高线设置，并能满足山洪的泄流；在地形起伏较大的乡村，应视地面自然坡度大小，对道路的横断面组合作出经济合理的安排，并且主干道走向宜与等高线接近于平行布置；地形高差特大的地区，宜设置人、车分开的道路系统；为避免行人在"之"字形支路上盘旋行走，应在垂直等高线上修建人行梯道。

3. 科学规划道路网形式

在规划道路网时，道路网节点上相交的道路条数，不得超过5条；道路垂直相交的最小夹角不应小于45°。道路网形式一般为方格网式、环形放射式、自由式和混合式四类。

四、乡村道路的交通设施

乡村交通设施，指的是乡村道路设施和附属设施两大部分。乡村道路设施的基本内容，主要包括路肩、路边石、边沟、绿化隔离带等；道路的附属设施包括有信号灯、交通标志牌、乡村公交车站等，这些设施的建设，就是为了保证乡村交通安全畅通和行人的生命安全。

在规划、设计交通设施时，应注意这些设施功能的合理性、可靠性、实用性及美观性，有的还要考虑地方特色同当地的自然风景相结合。

设施的位置必须充分考虑各种车辆的交通特点和行车路线，避免对交通路线造成障碍。

在有旅游资源的乡村，步行景观道路的作用更为突出。设计步行景观道路，应处处体现人与自然的关系、路景与环境的关系，从材质到色彩都应很好地与当地环境融为一体。景观路面用材多选用

不规则的卵石或花岗岩、吸水性的铺地砖铺就。这些材料不但能与自然风貌相结合,也有利于雨水的回渗,更方便行人观景的需要,而且还要考虑残疾人的无障碍通道。

第二节 乡村住宅规划

一、乡村住宅用地的规划

为乡村居民创造良好的居住环境,是美丽乡村规划的目标之一。为此在乡村总体规划阶段,必须选择合适的用地,处理好与其他功能用地的关系,确定组织结构,配置相应的服务设施,同时注意环保,做好绿化规划,使乡村具有良好的生态环境。

乡村人居规划的理念应体现出人、自然、技术内涵的结合,强调乡村人居的主体性、社会性、生态性及现代性。

1. 乡村人居的规划设计

乡村居住建设工作要按"统一规划,统一设计,统一建设,统一配套,统一管理"的原则进行,改变传统的一家一户各自分散建造,为统一的社会化的综合开发的新型建设方式,并在改造原有居民单院独户的住宅基础上,建造多层住宅,提高住宅容积率和减少土地空置率,合理规划乡村的中心村和基层村,搞好退宅还耕扩大农业生产规模,防止土地分割零碎。乡村居住区的规划设计过程应因地制宜,结合地方特色和自然地理位置,注意保护文化遗产,尊重风土人情,重视生态环境,立足当前利益并兼顾长远利益,量力而行。

(1) 中心村的建设。中心村的位置应靠近交通方便地带,要能方便连接城镇与基础村,起到纽带作用。中心村的住宅应从提高容积率和节约土地的角度考虑,提倡多层住宅,如多层乡村公寓。政府要统一领导农民设计建设,不再批土地给村民私人建造单家独院住宅,政府应把这项工作纳入自己的目标任务,加大力度规划和引导中心村的建设，逐步实现中心村住宅商品化。

（2）基层村的建设。基层村应与中心村有便捷的交通，其设置应以农林牧副渔等产业的直接生产来确定其结构布局。鉴于农业目前的生产关系，可将各零星的自然村集中调整成为一个新的"自然"行政村，尽量让一些有血缘关系或亲友关系或有共同语言的农民聚在一起，便于形成乡村规模经济。基层村的住宅要以生产生活为目的，最好考虑联排形式，可借鉴郊区的联排别墅建成多层农房，并进行功能分区，底层用作仓储，为生产活动做准备；其他层为生活居住区，这样将有利于生产生活并节约土地。

（3）零星村的迁移建设。在旧村庄的改建过程中，必须下大功夫让不符合规划的村庄和散居的农户分批迁移，逐步退宅还耕，加强新村的规划设计。在迁移过程中要考虑农民的经济能力，各地政府不要操之过急。对于确有困难的农民可以允许推迟或予以政策支持，同时要给迁移的村民予以一定的补偿。

2. 乡村居住用地的布置方式和组织

美丽乡村居住用地的布置一般有两种方式。

（1）集中布置。乡村的规模一般不大，在有足够的用地且用地范围内无人为或自然障碍时，常采用这种方式。集中布置方式可节约市政建设的投资，方便乡村各部分在空间上的联系。

（2）分散布置。若用地受到自然条件限制，或因工业、交通等设施分布的需要，或因农田保护的需要，则可采用居住用地分散布置的形式。这种形式多见于复杂地形、地区的乡村。

乡村由于人口规模较小，居住用地的组织结构层次不可能与城市那样分明。因此，乡村居住用地的组织原则是：服从乡村总体的功能结构和综合效益的要求，内部构成同时体现居住的效能和秩序；居住用地组织应结合道路系统的组织，考虑公共设施的配置与分布的经济合理性以及居民生活的方便性；符合乡村居民居住行为的特点和活动规律，兼顾乡村居住的生活方式；适应乡村行政管理系统的特点，满足不同类型居民的使用要求。

二、乡村住宅的主要类型

我国乡村住宅类型在不同的地区有着不同的形式。其中主要包括三类，即方形住宅、窑洞住宅和干栏式住宅。

1. 方形住宅

方形有长方形和正方形之分，这个是北方地区的一个特点，为了更好地接收阳光或者是避开北面袭来的寒流应将房屋的长向朝南，门和窗均设于朝南的一面。在住室的布局上，多将卧室布置在房屋的朝阳面，将贮藏室、厨房布置在背阳的一面，再加上墙体围城一个方方正正的院落。

2. 窑洞住宅

这种类型多分布在山西和陕西一带，窑洞按其建造方式不同可分为三大类：靠崖式窑洞、独立式窑洞和下沉式窑洞。窑洞顶也有多种拱形形状，大体上有平圆形、半圆形和尖圆形三种。这种类型的房屋冬天有一定的保暖性能，而且还可以在窑洞上侧种植。

3. 干栏式住宅

南方的湿润气候，由于这种气候的环境，建筑一般都采用干栏式住宅，考虑到通风、采光、防潮、防兽的要求，多采用下部架空的干栏式房屋形式。干栏式住宅多为3层，大多平面呈灵活布置的形式，但也有少数住宅呈规整的矩形平面。底部高高的架空部分一般用木板围合，作为放置农具、杂物和圈养牲畜等；在山墙面的一侧，设有木制的直跑楼梯通向二层，这里主要是生活和起居的空间，其平面布置遵循前廊、中堂、后寝的格局模式。

三、乡村住宅的功能布局

根据乡村住宅类型多样、住宅人数偏多、住户结构复杂等特点，住宅设计重点应落在功能布局上。主要应注意以下几个方面。

1. 合理规划房间

根据常住户的规模，有一代户、两代户、三代户及四代户。一般两代户与三代户较多，人口多在3~6口。这样基本功能空间就要有门斗、起居室、餐厅卧室、厨房、浴室、贮藏室，并且还应有附加的杂屋、厕所、晒台等功能，而套型应为一户一套或一户两套。当为3~4口人时，应设2~3个卧室；当为4~6口人时，应设3~6个卧室。如果住户为从事工商业者，还可根据实际情况进行增加。

2. 确保生产与生活区分开

凡是对人居生活有影响的，均要拒之于住宅乃至住区以外，确保家居环境不受污染。

3. 做到内与外区分

由户内到户外，必须有一个更衣换鞋的户内外过渡空间；并且客厅、客房及客流路线应尽量避开家庭内部的生活领域。

4. 做到"公"与"私"的区分

在一个家庭住宅中，所谓"公"，就是全家人共同活动的空间，如客厅；所谓"私"，就是每个人的卧室。公私区分，就是公共活动的起居室、餐厅、过道等，应与每个人私密性强的卧室相分离。在这种情况下，基本上也就做到了"静"与"动"的区分。

5. 做到"洁"与"污"的区分

这种区分也就是基本功能与附加功能的区分。如做饭烹调、燃料农具、洗涤便溺、杂物贮藏、禽舍畜圈等均应远离清洁区。

6. 做到生理分居

一般情况下，5岁以上的儿童应与父母分寝；7岁以上的异性儿童应分寝；10岁以上的异性少儿应分室；16岁以上的青少年应有自己的专用卧室。

第三节 乡村景观设计

一、村镇小广场设计

1. 规划设计基本要求

（1）对小广场进行规划设计时，必须和该地区的整体环境协调统一。

（2）广场上的亭、廊、宣传栏、雕塑、喷泉、叠石、照明、花坛等设施要考虑其实用性、趣味性、艺术性和民族性。

2. 规划设计的原则

（1）要结合广场的地形条件，来确定小广场的空间形态、空间的围合、尺度和比例。

（2）因地制宜，不失民族特色。要采用本地区的工艺、色彩、造型，充分体现当地的文化特征。

（3）尺度适宜，体量得当。设计时从体量到节点的细部设计，都要符合居民的行为习惯。

（4）注重历史文脉，增加现代化气息。要挖掘历史和传统文化的内涵，传承当地的文化遗产，结合现代材料，使之具有时代感。

3. 乡村广场的布局形式

在乡村中，由于村庄的规模都不是很大，所以就要在"小"字上下功夫，具有小巧玲珑、功能俱全的特点。乡村小广场的布局形式主要有广场中心式和沿街线状式。

广场中心式，就是以小广场为中心，沿广场四周可以布置乡村文化活动室、购物商店、健身设施等，又可作为农闲时娱乐场所。

沿街线状布局形式是指将公共建筑沿街道的一侧或两侧集中布置，它是我国乡村中心广场的传统布置形式。这种布置具有浓厚的生活气息。

二、乡村小游园的设计

乡村小游园具有装饰街景、增加绿地面积、改善生态环境之功效，是供村民休息、交流、锻炼、纳凉和进行一些小型文化娱乐活动的场所。

小游园按其平面布置主要有3种方式。

1. 规则式

这种布置有明显的主轴线，小游园的园路、水体、广场依据一定的几何图案进行布局。绿化、小品、道路呈对称式或均衡式布局，给人以整齐、明快的感觉。

2. 自然式

这种游园布局灵活，富有自然气息，它依景随形，配景得体，采用自然式的植物种植，呈现出自然精华和植物景观。

3. 混合式

这种布局既有自然式的灵感，又有规则式的整齐，既能与四周环境相协调，又能营造出自然景观的空间。

但在规划设计乡镇小游园时，必须因地制宜，力求变化；特点鲜明突出，布局简洁明快；要小中见大，空间层次丰富；对建筑小品，要以小巧取胜。植物种植要以乔木为主，灌木为辅，园内应体现出"春有芳花香，夏有浓荫凉，秋有果品赏，冬有劲松绿"，使园内四季景观变化无穷。

三、建筑小品的规划设计

乡村街道上建筑小品主要有路灯、街道指示牌、花坛、雕塑和座椅等。在规划设计时，它不仅在功能上能满足村民的行为需要，还能在一定程度上调节街道的空间感受，给人留下深刻的印象。

乡村街道上的路灯，不必非用冷冰冰的水泥电杆，可以选用经过加工造型的铁杆，采用太阳能节能灯、风力发电路灯等。

街道指示牌是外乡人进入该村的导路牌，是乡村规范化的名片符号，它们往往比建筑更加重要。所以，这些路牌色彩应鲜明，造型应活泼，位置应合理，标志应清晰。街道指示牌的高度和样式一定要统一，不能五花八门，既要有景观的效果，又要有指示的功能。

街道上的花坛是指在绿地中利用花卉布置出精细美观的绿化景观。它既可作为主景，又可作为配景。在对其规划时，则应进行合理的规划布局，从而达到既美化街道环境，又丰富街道空间的作用。一般情况下，花坛应设在道路的交叉口处，公共建筑的正前方。花坛的造型主要有独立式、组合式、立体式或古典式，但是均应对花坛表面进行装饰。

街道雕塑小品，一般有两大风格，即写实和抽象。写实风格的雕塑是通过塑造真实人物的造型来达到纪念的目的。而抽象雕塑则是采用夸张、虚拟的手法来表达设计意图。

在乡村街道和游园广场中，还要设置具有艺术风格和一定数量的座椅，既有乡村建筑小品的情趣，又可为临时休息的村民提供方便。

第四节 农村厕所革命

一、推进农村厕所革命

1. 农村"厕所革命"的含义

"厕所革命"最早由联合国儿童基金会提出，是指对发展中国家的厕所进行改造的一项举措。厕所是衡量文明的重要标志，改善厕所卫生直接关系人民的健康和环境状况。

2015年4月，习近平总书记曾经就"厕所革命"作出重要指示，强调抓"厕所革命"是提升旅游业品质的务实之举。

2017年11月，习近平总书记就旅游系统推进"厕所革命"工作取得的成效作出重要指示。这是总书记3年来第二次对"厕所革命"作出重要指示。

2019年中央一号文件提出，"全面推开以农村垃圾污水治理'厕所革命'和村容村貌提升为重点的农村人居环境整治"。中国兴起"厕所革命"破解乡村治理难题。

2. 进行农村"厕所革命"的意义

（1）改善民生所需。"小康不小康，关键看老乡；老乡要小康，厕所算一桩。"农村"厕所革命"关系亿万农民群众生活品质的改善，是最大、最直接、最现实的民生工程，也是推进农村人居环境整治、实施乡村振兴战略不容忽视的环节。

（2）改善环境所需。说起农村厕所，大多数人的第一感受是肮脏，尤其是未经任何无害化处理的旱厕，简陋、污水横流、蝇蛆滋生、臭味难闻，粪便直接排放污染水源，破坏环境，与人民群众日益增长的对美好环境的向往不相符。

（3）改善健康所需。粪便中含有许多影响人体健康的病原体，包括细菌、病毒和寄生虫卵等。如果粪便未经有效的无害化处理，这些病原体就会污染食物和饮用水，或者通过手、口等多种途径进入人体而致病，引起痢疾、伤寒、副伤寒、霍乱、病毒性肝炎等肠道传染病，以及血吸虫、蛔虫、囊虫等寄生虫病。卫生厕所是从源头控制此类疾病传播的关键。

3. 农村改厕模式

（1）自建三格化粪池、一体化整体装配式三格化粪池（玻璃缸）式厕所。优点：粪便无害化效果好、保持粪便肥效；结构简单、价格适宜、易施工；日常管理和维护容易。

（2）"三联"沼气池式厕所。优点：粪便无害化效果好；沼气可以做饭和照明，节省燃料，经济效益明显。

（3）完整上下管道水冲式厕所。优点：使用方便、家庭管理简单。缺点：造价较高，集中处理系统的管理需要专业技术支持。

（4）双坑交替式等新兴厕所。适合于季节性高寒、缺水或自来水未覆盖的区域。

4. 农村改厕标准

（1）厕屋有顶有门、有便池蹲位，屋内清洁，基本无臭。

（2）实行生活污水和粪水"两水"分开，生活污水不能排入化粪池第一格。

（3）原有旱厕要拆除。

（4）自建三格式化粪池容积不小于1.5立方米，三格化粪池容积比大致为2∶1∶3，有效深度不小于1米；化粪池要无内外渗漏、有盖板封盖严实，第一格安装排气管；化粪池应高出地坪，避免雨水倒灌入池。

（5）过粪管安装方向正确且交错安装、连接牢固；第一池至第二池的过粪管入口应在第一池池壁的下1/3处，第二池至第三池的过粪管入口在第二池池壁下1/2处。

二、农村厕所革命典型范例

为进一步发挥典型引路作用，农业农村部、国家卫生健康委面向全国征集并遴选出第一批9个典型范例。下面选取其中几个范例，供各地学习借鉴。

（一）浙江省衢州市常山县：一厕一所长 一厕一风景

常山县位于浙江省西部，地形以山地丘陵为主，四季分明，年平均气温为17.7℃，年平均降水量为1 760.4毫米。常山是农业大县，2018年全县人口34.4万人，其中，农村人口29万余人，占全县人口总量近85%。在户厕改造上，常山县实现了困难群众厕改率100%、农村旱厕拆除率100%两大目标，显著提高了农民群众的获得感、幸福感。

2017年以来，常山县围绕建设"何处心安、慢城常山"大花园的目标,针对公厕"脏、乱、差、偏"等痛点难点,提出"小康路上,一厕也不能少",借鉴"河长制",在全省首创并推行公厕"所长制",持续3年深入推进农村公厕建设与管护工作。具体做法可概括为"五度五心":认识有高度,所长皆用心;覆盖有广度,设施能称心;规划有亮度,建设具匠心;保障有力度,管护必精心;服务有温度,文明更入心。截至目前,常山县已经完成130余座农村独立公厕的改造提升计划,有公厕的村庄占村庄总数的70%以上。一座座干净方便的公厕"登上了大雅之堂",成为常山美丽乡村建设的突出亮点(图5-1、图5-2)。

图5-1 改造前

图5-2 改造后

认识有高度,所长皆用心

曾经,乡村公厕也是常山美丽乡村建设中的"老大难"问题。受传统观念影响,公厕一般建在较为偏僻的地方,并且还存在一定数量的旱厕,蚊蝇滋生、异味四溢,有群众反映"连脚都踩不进去",不仅没起到服务群众的功能,反而还带来了困扰。

为改变农村公厕"脏乱差"现状,常山县站在"关键小事、民生大事"的高度,把农村厕所革命工作列为全县党政领导"一把手"工程。从浙江全省推行的"河长制"获得启发,建立公厕"所长制"体系。"所长制"明确县委书记任全县公厕总所长,县委副书记任乡村公厕总所长;乡村公厕中,乡镇党委书记担任集镇公厕所长和辖区公厕总所长,村支书担任所在村公厕所长;一村有多座公厕的,由村两委干部分别担任,形成了"县乡村三级联动、乡镇部门紧密配合"的工作机制,做到"一厕一所长、责任全覆盖。"

当被问到"县委书记担任公厕总所长是否有些小题大做"时,常山县委书记叶美峰回答道:"管厕所不是光鲜亮丽的事情,很多人存在畏难情绪,管不好也不想管。但厕所这件'关键小事',理应成为党委政府着力抓好的'民生大事'。县委书记担任总所长,各级单位的重视程度都会大大提高,部门之间的协调速度也将加快,工作推进会更加顺畅。所以我得当好这个公厕管理的第一责任人,把厕所这件事好好抓一抓。"自从"所长制"确立以来,农村公厕就成了"总所长"叶美峰下乡必看的地方之一。

常山县同弓乡党委书记王建坤向记者介绍了他作为全乡公厕"所长"的职责:"一是要牵头确定全乡公厕的布局规划。组织住建部门、国土部门、规划部门、设计团队和村代表进行会谈,征求他们关于厕所建设的意见。这个厕所在哪里建、建成什么样、预算多少,尽量让老百姓满意。二是管理监督。召开全乡'所长会',制定相关监督制度。今年5月,我对全乡的公厕都暗访了一遍,根据管理秩序、整洁程度给每个公厕排名,召开会议评议,督促做得差的村立即整改。"

这样一来,每一座农村公厕都有了"管家"。为使"所长制"高效运转,常山县还专门制定"一牌一本、一日一巡、一考一评"工作规范,倒逼所长主动作为,真正扛起责任。常山县每个农村公厕的醒目位置都张贴着"所长公示牌",每名所长人手配备一册工作日志,每日巡察不少于1次,随时记录公厕问题,保证厕所设施运行良好、服务完善。同时,建立公厕所长考核和星级评定机制,定期开展"最美公厕""优秀所长"评选活动,把等级公厕作为文明村镇、美丽乡村评比中的"一票否决事项",列入对乡镇的考核内容。

常山县公厕从建到管,全都挂了"所长号"。在"所长制"的强力推进下,常山县预计到2019年年底就可完成全域所有乡村"至少有一座公厕"的建设目标。公厕"所长制"的工作机制实现了上下联动、上传下达和有效反馈,高效地协调了各部门工作,有效防止了扯皮推诿等问题。

"2017年年初,常山县开始推行'所长制'。市里的同事们见到我都说'总所长你好',但口气怪怪的。直到厕所革命在全国打响,同事们的目光由不屑一顾变成不可思议,都提出想来常山看看我们的美丽公厕。"叶美峰十分高兴。"所长制"以创造性思维打造公厕建管新样板,为全面发挥党政主导作用,凝聚各方力量推进厕所革命,全力突破难题提供了制度保障和组织保障。

覆盖有广度,设施能称心

农村公厕建设最终目的是充分保障群众如厕方便,公厕的覆盖面、便利性尤为重要。据了解,常山县农村公厕大小多在40~80平方米,"麻雀虽小,五脏俱全"。这些公厕有的建在卫生所、活动广场附近,有的建在主干道两旁,还有的建在乡村旅游景点周边。公厕内除了男女卫生间外,还有专门的工具间、管理间和第三卫生间,无障碍设施齐备,并注重运用环保新技术和智能设备。同时,公厕尽可能延伸服务,厕纸、洗手液、搁物板、衣帽钩一应俱全,为如厕群众提供了舒适舒心的如厕环境。

新昌乡郭塘村新建的公厕就坐落在村主道旁。走进公厕,轻柔舒缓的提琴曲随之响起。锃光瓦亮的洗手台,生机旺盛的白鹤芋,被精心切割成波浪边的圆形镜子和精心雕琢的镂空窗,一景一物让人身心舒畅。正如村民周发根所言:"原来这个厕所又小又脏,大家都捂着鼻子绕道走。现在我们村的厕所,一点都不比城里差。"如今的郭塘村公厕,成了村民们津津乐道并不时光顾的地方。

在农村公厕建设过程中,常山县坚持实事求是,既不搞"贪大求洋",也没有"哗众取宠",量力而行,尽力而为,合理布点,理性投入。对农村公厕建设要求做到"六不":污染控制、无异味,不臭;环境卫生、无杂物,不脏;简约美观、环境协调,不难看;路口指引、临近引导,不难找;数量满足、布局合理,不排队;优质服务、免费开放,不收费。

"刚开始还以为是别人家的别墅,走近一看原来是厕所。进去看了一下,里面连卫生纸、洗手液都有,比自家的厕所还好呢。"同弓乡同心村村民樊火青站在本村 AAA 级厕所门口说。

规划有亮度,建设具匠心

因为有材质造型各异的奇石怪石,常山县青石镇砚瓦山村成了当地小有名气的赏石佳地。许多游客慕名而来,砚瓦山村的乡村旅游也因此日益红火起来。然而,村里发现了新的问题:因为没有一个像样的公厕,许多游客万般无奈只得到村民家"行个方便"。徐德胜家的厕所就常常被游客借用,"有些时候十来个人排着队来,说心里话,麻烦是有点麻烦的。"平常无人关心的公共厕所,成了乡村旅游发展的障碍。

全县开展的农村厕所革命为砚瓦山村解决这个难题提供了契机。村支书徐卫国高兴地说:"今年村里新建 3 座旅游公厕的申请已经批准了,很快就能建成投入使用,游客如厕难的问题将会大大缓解。"

如今,乡村旅游正在常山如火如荼地开展,农村公厕是重要基础设施,也是展示农村形象的大好窗口。为此常山县规定,新建、改建公厕全部按照国家《旅游厕所等级标准》《旅游厕所质量等级评分细则》的要求进行景观化建设,也就是按照旅游厕所 A、AA、AAA 等级标准布局、设计。常山县不仅让公厕"从无到有",还让公厕"从有到优",达到"一厕一风情、厕厕成风景"的效果。

首先,在格局上有"型",让厕成景。常山县根据每个镇村的实际情况,因地制宜采用浙派、徽派、现代等建筑设计,形成了别墅式、田园风、水岸船型等多元风格，凸显地域特色。如江源村公厕就是在村民家老房子的基础上重新翻建的，保留了老建筑的骨架和韵味，还与紧挨着的古老江氏家庙相映成趣。

其次，在格调上融"境"，成为景中厕。常山县根据公厕周边环境、景色特点，配合设计与之相生相融的造型和色彩，做到相得益彰，别有一番风味。如长风村在全村建筑外立面改造时，将公厕一并设计到位，以黑白灰为主色调，仿照浙派建筑风格，让小小厕所和特色民居巧妙地融为一体。

最后，在细节上有"味"，打造厕中景。常山县农村公厕内外多采用当地竹木、老物件、常山石、胡柚、山茶等当地特色主题元素进行装饰。常桥村花石纲公厕因为附近有著名的花石纲基地，因此厕所内也摆放着数块奇石做点缀，让来往的人们了解常山县出产的"亿年奇石"。常山县盛产胡柚，其公厕标志也以"胡柚娃"卡通形象为本底制作，使市民倍感亲切的同时，又让游客了解了常山县的"万亩金柚"特产。

在塔山脚下的翠柏修竹间，有一座古色古香的徽派公厕。据隔壁银行的工作人员王小青说，来塔山玩儿的游客都以为这是一个景点，走近一看却是厕所。如今，常山县一座座美丽的公厕成了当地乡村旅游发展的亮丽名片。

保障有力度，管护必精心

自2017年起，常山县分期分批启动农村210座独立公厕的新建和改造提升工程，确保"每村都有一座公厕"。在公厕建设与运维过程中，常山县克服经济基础薄弱的劣势，切实保障资金来源。县财政从美丽乡村建设资金中连续3年、每年拨付1 500万元专项用于厕所革命，让农村公厕的运行维护有了持续的资金保障。

据了解，根据建造等级的不同，常山县农村公厕建设造价15万~50万元不等，由村镇自主筹资建设。在公厕的管护方面，除了三格式化粪池定期清掏等工作，常山县还为每一座农村公厕配备了一名保洁员。保洁费每座公厕每年 5 000 元，由县财政统一拨付。另外，对于新建公厕和改造公厕也出台了详细的奖补措施：A 级公厕每座最高奖 10 万元；AA 级最高 15 万元；AAA 级最高可达 20 万元，被评为"最美乡村公厕""优秀所长"的获奖单位和个人还有奖励，这大大激发了公厕建设和维护的积极性。

在县财政资金支持保障下，常山县公厕外观、设施有了质的飞跃，后期运维管护秩序井然。良好的建设加上后期精心的维护，有效避免了大家都需要厕所、但谁也不愿意公厕建在自家门口的"邻避效应"。

服务有温度，文明更入心

一座公厕要成为一道风景，不仅要建得漂亮，还要管得到位。在厕所后期运维上，常山县主要是通过制定保洁标准和管理制度，利用县财政专项资金聘请村民担任专（兼）职保洁员，实现对公厕的常态化维护。

走进金川街道常桥村的花石纲公厕，首先映入眼帘的就是所长公示牌和公厕保洁人员信息牌，上面记载着厕所所长和保洁员的姓名、职务、职责和电话。常桥村支部书记徐小忠是花石纲公厕的"所长"，他说："我每天都要来这至少巡查一次。看看设备运行情况、厕所使用与维护情况，如地面有没有积水、厕纸够不够、下水道是否畅通等。如果发现问题，就及时通知保洁员处理，不能处理的，就上报街道，争取早日解决。"

在同弓乡同心村"轻松阁"公厕，村党支部书记、"所长"邹清华向我们展示了一本厚厚的《巡查日志》。他就是通过这本日志，和保洁员陈春娥保持着频繁的联系。"2019 年 6 月 10 日，洗手台洗手液没有，请摆放洗手液，邹清华——2019 年 6 月 10 日，已摆上，陈春娥""2019 年 4 月 15 日，灯泡坏了，请更换，邹清华——2019 年 4 月 17 日，灯泡换好，陈春娥"……热心的保洁员陈春娥除了每天打扫 3 次厕所外，还主动负责在公厕旁的污水处理湿地上种植和管理特定植物,让湿地能高效率运转。

"我把家里小孩送到幼儿园去后,就到这边来。"穿着靴子和保洁服的保洁员,也是常桥村村民的徐莲花说。"这个厕所用的人多,还有人过来洗菜、洗石头,泥巴弄得到处都是。我每次都劝他们不要这么干。"徐莲花不仅是保洁员,还成了保护公厕环境的宣传者和监督者。

如今,"村里的公厕比自家还漂亮"的现象比比皆是,郭塘村村民江雨花下田回来上厕所,甚至都会脱鞋进入,原因就是不想弄脏干净的地面。公厕既是"面子",也是"里子",体现着一个地区的文明程度。常山县的美丽公厕,在一定程度上改变了民众对厕所的偏见,帮助村民养成良好的卫生习惯,提升了对村庄的认同感和归属感。

(二)河南省安阳市汤阴县:专业公司特许经营,建管运维一体推进

汤阴县位于河南省安阳市,地处中原腹地、汤水之南,南水北调、西气东输、西煤东运等重大工程均从汤阴过境,自古就是南北交通要冲。全县总面积646平方千米,下辖9镇1乡、298个行政村,总人口51万,其中农业人口10.37万户、41万人,素有"豫北粮仓"之称。

"小康不小康,不看厨房看茅房。"建设和管护是关乎农村改厕成功与否的两大关键。自2018年启动农村改厕以来,汤阴县积极探索市场化运营模式,将涉及改厕的基础设施和公用事业特许经营权授予县城乡投资发展集团有限公司(简称汤投集团),与国家政策性银行对接,破解农村改厕资金紧张难题。采用EPCO(Engineering Procurement Construction Operation)总承包模式,将改厕工程的设计、采购、施工、运营交由市场化专业公司来实施,实现了农村厕所建设、管理、运营、维护一体化。截至目前,全县共完成农村厕所无害化改造5.3万户,新建镇村公厕46座,以三格式化粪池和"水冲式厕所+污水管网+市政管网或模块化污水处理系统"为主。

探索市场化运营 采取特许经营模式

汤阴县古贤镇南士昌村耕地面积 1 451 亩,下辖 7 个村民小组,常住户 375 户。"以前是旱厕,又难看又难闻。现在好了,改成了水冲的,夏天没有蚊蝇,冬天也暖和,真是比以前好太多了。"村民靳新友说。

在村边一个不大的院子里,一座外观像集装箱的乳白色设备就是南士昌村改厕后的污水处理中心,排放出来的水清澈透明,直接流入附近农田的灌溉渠。

"算上电费和药剂费,每吨污水处理成本仅 0.5 元。我们还给污水处理站装上了 4G 模块,一旦运行出了问题,系统会自动报警。"河南盛泓环保工程公司市场部经理储金冕说,这座模块化智能污水处理站设计处理能力为每天 50 吨,能覆盖 300 多户,处理后排出的水质能达到一级 A 标准,可用于中水回用或农田灌溉,还可以在线远程监控运营,解决了农村污水处理设施分散、管理人员维护难的问题,除了定期巡检外,技术人员不必在现场值守。

这样的处理设备需要依靠专业化公司来运营,那么他们是如何参与进来的呢?

"农村厕所革命涉及千家万户,为提高公共服务的质量和效率,我们大力鼓励和引导社会资本参与到涉及改厕的基础设施和公用事业建设运营中来。"汤阴县委书记宋庆林说。

汤阴县依据 2015 年中华人民共和国国家发展和改革委员会等六部委联合发布的《基础设施和公用事业特许经营管理办法》(第 25 号)和《关于切实做好基础设施和公用事业特许经营管理办法贯彻实施工作的通知》(发改法规〔2015〕1508 号)的有关规定,通过公开招标,将涉及改厕的基础设施和公用事业特许经营权授予汤投集团,由其具体负责项目的融资、建设及后期运营管护,并作为业主通过公开招标确定项目施工企业、监理单位和后期运营企业。

对接政策银行　破解资金难题

农村改厕投入不小,以南士昌村为例,全村铺设污水管网9 651米,加上建设模块化污水处理站,改厕总投资达510万元。

为破解改厕资金难题,汤阴县政府组织有关单位编制项目可行性研究报告,由县发改委立项,县财政局整合涉农资金、申请厕所革命专项债券等作为资本金注入特许经营权企业——汤投集团,再由汤投集团作为融资平台向国家开发银行申请专项贷款。

由于汤阴县农村厕所革命融资贷款在省国家开发银行是第一家,没有现成的模式方案可以借鉴。省国家开发银行专门成立了汤阴县农村厕所革命重点项目攻坚工作协调小组,计划分期向汤阴县发放10亿元农村厕所革命项目贷款,其中,2018年项目贷款3.56亿元已发放到位。

在此基础上,汤阴县通过财政系统申请农村厕所革命专项债券1.2亿元,统筹使用各类涉农资金,发挥最大效益。制定分类奖补政策加大对改厕工作的扶持力度,对集中铺设污水管网、建污水处理站的村,费用按县:乡:村为5:3:2比例负担;对三格式化粪池改厕模式,县财政每户奖补1 200元;集镇和村公厕建设按每平方2 000元进行奖补。同时,鼓励和引导群众以投资投劳、自改自建等形式积极参与,为建设美丽家园献计出力。

坚持因地制宜　确立改厕模式

机器轰鸣、车辆穿梭,走进汤阴县古贤镇大朱庄村改厕施工现场,工人师傅正忙着用挖掘机开挖排污主管道沟槽,壕沟两边堆满了不同口径的黑色排水管。

施工单位河南五建建设集团工作人员介绍说,完成水冲式厕所改造后,每户的粪污将通过直径110毫米的PVC管排入各家门口的沉淀井,然后进入直径200毫米的村级支管网,再排入直径400

毫米的村级主管网，最终接入镇上的市政污水管网。全村改厕工程将铺设污水主管道494米、支管道998米、入户管道1 100米，并设有60座沉淀井、22座检查井。

"大朱庄村共有居民78户、294人，采取的模式是家家户户改厕所，村庄铺设污水管网，然后接入市政管网集中处理。"汤阴县政府党组成员闫景军说。

为解决农村改厕工作中"建管分离、重建轻管"的问题，汤阴县积极探索引入市场机制，采用国内通行的EPCO总承包模式，通过公开招标，将建设项目总承包给河南五建建设集团和北京中持水务两家公司，并招标了豫通监理和河南宏业两家监理单位。

在广泛调查摸底的基础上，汤阴县根据《农村户厕卫生规范》和有关污水排放技术标准，结合城乡总体建设规划，确立了3种改厕模式。一是对城市污水管网可覆盖到的县城周边农村，采取户建水冲厕所、村铺设污水管网连接市政管网模式，如古贤镇大朱庄村；二是对集镇所在地和经济基础较好的村，采取户建水冲厕所、村建污水管网和污水处理站模式，如古贤镇南士昌村；三是对经济状况及基础设施条件较差、人口少、不具备污水集中处理条件的村，推广使用三格式化粪池厕所等。

在公厕建设上，汤阴县结合本地实际情况，学习借鉴先行地区的改厕经验，组织县国土局、环保局、住建局、规划中心等单位，逐村调查、合理规划，按照《城市公厕设计标准》建设，统一设计图纸，男女厕位比例2∶3，建设无障碍通道和残疾人厕位及配套设施，能接入污水管网的直接连接至污水管网，不能连接污水管网的建设集中式化粪池。

强化质量监管　保证改厕效果

汤阴县成立专门的改厕工作领导小组，1名副县级领导任办公室主任、7局委整合专班人员，具体负责全县农村厕所革命工作。县改厕办、汤投集团、施工企业、监理单位、乡镇政府等部门建立集中办公机制和周例会制度,审规划、盯项目、催进度、把质量,对组织管理、工程质量、安全责任等不间断巡查监督、考核评估,发现问题,就地解决。实行"五统一":统一改厕模式、统一采购厕具、统一施工标准、统一奖补政策、统一组织验收。邀请专家对镇、村参与改厕工作人员开展技术培训,2018年以来累计培训改厕技术人员650余人次。为保证改厕效果,汤阴县在各乡镇自验、县改厕办抽验的基础上,委托第三方——河南省景行市场调查有限公司对2018年户厕改造进行逐户评估验收,同时完善厕所改造、验收、整改档案,上报市、省进行抽验、复验,坚决杜绝改厕质量不合格、上报数据不准确等现象,确保厕所改造数据准确、质量合格、群众满意。

建立使用者付费制度　偿还改厕贷款

在充分尊重农民群众意愿的前提下,汤阴县探索通过市场化的方式,对改厕后续的污水处理项目,按照使用者付费原则收取处置费用,推动建立长效管护工作机制。

首先,在每个乡镇建立2~3个农厕管护服务站,全方位开展农村厕所革命后期维护、管理、运营,对模块化污水处理系统、管网、户厕及公厕开展抽厕、维修、粪渣资源综合利用等有偿服务。

其次,探索建立使用者付费制度。以乡镇为单位建立运营补贴专户,各乡镇再以村为单位建立分户,细化到每村每户,根据每户污水排放量建立运营补贴明细账,然后由主管部门测算,财政部门定期将财政补贴资金拨付至乡镇运营补贴专户,乡镇再拨付至各村各户账户上。同时,按照定价程序,实行价格听证制度,采取阶梯式的收费方式,由县、乡、农户按比例分担粪污处理费用,第一个5年按照6∶3∶1分担,第二个5年按5∶3∶2分担,第三个5年按4∶3∶3分担,以后按3∶3∶4分担;三格式化粪池抽厕费用以农户付费为主,乡镇财政补贴为辅,抽厕一次乡镇补贴10元,每年最多补贴2次,其余由农户自行承担。上述费用汇集到乡镇运营补贴专户中，乡镇按期支付到县主管部门，再由主管部门按照特许经营权协议向汤投集团支付特许经营服务费，汤投集团每年偿还省国开行贷款。

最后，实施粪污治理、综合利用。农村厕所粪污既是污染源，同时又是很好的有机肥料。汤阴县通过出台政策、宣传引导等措施，鼓励乡镇、农民专业合作社或农业企业、有机肥公司与运营公司、农户签订粪肥合作协议，实现资源化利用，打造企农共赢生态链。

(三) 湖北省黄冈市黄州区：党员领头干，群众齐参与

黄州区位于湖北省东部，大别山南麓，长江中游北岸，是黄冈市委、市政府所在地。全区辖8个乡镇街道和1个经济开发区、1个省管工业园区，总人口40万人，区域面积353平方千米。

2018年，黄州区被湖北省确定为厕所革命试点县市区。区委、区政府高度重视，将其融入长江大保护战略，作为推进乡村振兴战略的重要抓手，与美丽乡村建设、农村污水处理等统筹推进，计划3年时间投入资金3.6亿元进行厕所革命。目前，全区已投资1.5亿元，建成乡镇公厕12座、村组公厕388座，完成农户厕所改造27 710座，拆除旱厕14 362座。

党组织领头，提升厕所革命组织力

如何把中央的好政策在基层落实到位？如何让群众在厕所革命中有实实在在的获得感？如何让工作经得起组织、群众和历史的检验？黄州区始终注重加强党的领导，坚持抓书记、书记抓，积极发挥基层党组织战斗堡垒作用和广大党员干部先锋模范作用。

2017年，黄州区提出开展以农村户厕改造为主的厕所革命。2018年，成立了以区委书记为政委、区长为指挥长的厕所革命建设工程指挥部，抽调了4名县级领导、12名工作人员集中办公，把最精干的力量用在重要工作上。

黄州区认真贯彻落实《农村人居环境整治三年行动方案》要

求，进一步完善"区级领导包乡镇、区直部门包村、党员干部群众齐心干"的工作机制，区委书记以身示范，带头进村入户做群众工作、听群众心声，遍访工作推进迟缓的后进村，调研剖析问题，现场研究解决，区四套班子成员深入各自联系的乡镇街道和村庄蹲点解决难题。通过"抓两头、带中间"，打消基层干部和群众的思想顾虑，确保改厕工作有力有序推进。

"党员干部是厕所革命的指挥者。厕所革命工作启动初期，有些农民群众对改厕意义、作用、政策不甚了解，对拆除旱厕、新建水冲式化粪池心存抵触，不配合、不支持。村支部书记和乡镇干部不分白天黑夜深入村组，召开户主会、板凳会、培训交流会，做思想工作，教育引导群众自觉改厕。"黄州区委书记骆志勇说。

陈策楼镇盂钵桥村，13个村民小组1 500多人，为引导群众改厕，村支部书记两个多月来白天抓改厕建设，晚上到小组开村民座谈会，一个一个小组讨论，一户一户上门做工作，最终把群众激情全部调动起来，在全区率先完成了农户改厕工作任务。

堵城镇江咀村，60多岁的老党员吴元舟在2019年年初村级换届时，经村民推荐选举为村长。上任伊始，面对本村改厕工作被动的局面，不顾自己年龄大、体力差的情况，一门心思扑到工作上。他率先拆除自家及亲友的旱厕，带领施工队一户一户规划建设方案。由此打开局面，群众由不理解到逐渐支持，陆续拆除旱厕600多户。

2019年6月，结合"不忘初心、牢记使命"主题教育，黄州区部署开展了精准扶贫、厕所革命、农村人居环境整治、农村产权制度改革、能人回乡、扫黑除恶专项斗争6项重点工作百日集中攻坚行动，作为"为民服务解难题"的具体实践，组织全区3 000余名干部自备午餐进村入户，配合村"两委"班子合力攻坚抓落实，受到了群众欢迎。

同时，对农村厕所革命工作实行一周一检查、一月一通报、一季一拉练,明目标、找差距、抓落实,始终保持奔跑态势。区委宣传部、农业农村局、卫健局、发改局、财政局、住建局、交通运输局、文化旅游局、水利局等部门各负其责、分工协作,共同做好厕所革命宣传教育、工程建设、技术指导、争资立项、文明创建等工作。将厕所革命成效作为乡镇街道和区直有关部门党政领导班子考核的重要内容,对连续通报工作滞后的单位主要负责人进行工作约谈,快马再加鞭,响鼓再重锤,形成了比学赶超的良好氛围。

群众齐参与,发挥厕所革命真实效

近日,陶店乡的朱丹接到远在广东小孙子的电话后喜笑颜开。"过几天孙子放暑假就要回来了,今年放心了,孙子肯定能在家里过完暑假。"

朱丹说,因为之前家里的厕所太简陋,在大城市住习惯了的孙子每次回到老家,如厕成了难事。今年就不同了,厕所改造后,现在家里的厕所干净整洁,没有任何异味,孙子回来肯定不会吵着要走了。

类似的例子很多,从解决老百姓关心的实际问题入手,广泛深入地发动群众、组织群众、引导群众,成了黄州区改善农村几千年以来如厕习惯的法宝(图5-3)。

图5-3 黄州区某村组公厕

黄州区陈策楼镇杜家林村户厕改造完成得早,漂亮的村级公厕也建好了,然而拆除村民旱厕时,却遇到不小阻力。问原因,村民自己都有些不好意思说。原来,虽然家家都有干净的水冲式厕所,但一些年纪大的村民还是不习惯在"家里蹲",喜欢在"外面蹲"。可现在一个村只有一座公厕,一旦拆掉旱厕,"外面蹲"就不方便了。

怎么办?既要逐步改变农民习惯,也要尽量尊重习俗。按上级要求,黄州区只需建设 116 个村级公厕,但区里研究决定,增建 388 个组级公厕,满足群众的多样化需求,也为拆除旱厕打消了群众顾虑。

在一些城郊社区,居民住房间距小,没有一家一户建化粪池的空间,只能建设村级大三格式化粪池。建在哪里?如何建?指挥部没有搞简单指定,而是充分征求村民意见。

"针对地形条件不一的情况,让农民自己商量、自己决策,村委会讨论,大三格式化粪池到底建在哪里合适。"黄州区副区长王立三说。

据了解,目前黄州区已建成大三格式化粪池 100 多个,解决了 5 936 户无地建化粪池的问题。此外,为解决土质疏松地段无法建设砖砌化粪池的问题,安装一体化成品池 2 200 个;根据地形条件,在保证容积率的前提下分别建造了不规则化粪池 1 020 个。

提高群众意识是关键。黄州区在推进农村厕所革命的过程中始终把宣传教育放在首位,组织群众自觉主动参与到厕所革命中。区乡两级召开工作动员会、培训会、推进会 60 多场,各村召开群众代表座谈会 260 多场,厕所革命宣传栏到村到组,印发宣传册 6 万余份,使开展厕所革命的重要意义、政策、方案及建厕、改厕、管厕、护厕知识等家喻户晓。

为指导村民改厕,指挥部还编印了《砖砌水泥三格式化粪池建设技术要领》《一体化三格式化粪池建设技术要领》《无厕户改建水冲式厕所技术要领》《农户户厕粪污分离改造技术要领》等,使基层干部和群众对建设标准一清二楚,让大家愿用、会用、管用。

黄州区还把"文明如厕"作为农村精神文明建设和"十星级文明户"评比的重要内容,做到厕所改到户、管到户、评到户。制定《黄州区农村户厕村民自治管理办法》,坚持小组半月一户评、村级一月一通报、乡级一季一评比、区级半年一总结的工作机制。对厕所卫生环境好、如厕习惯好的先进农户奖励洁厕净、肥皂、毛巾等生活用品,以身边人教育人(图5-4)。

图5-4 黄州区路口镇某生活污水处理站

健全机制,统筹调动各方资源要素

作为湖北省厕所革命20个试点县市区之一,黄州区委、区政府把厕所革命作为一项政治工程、民生工程、发展工程、生态工程,摆在重要位置,通过完善投入机制、坚持规划先行,建立管护机制,集中资源力量,全域开展厕所革命。

黄州区坚持高起点规划,绘好厕所革命工笔画,努力做到一次投资、一步到位、一劳永逸。把厕所革命与长江大保护、城市大发展、环境大整治结合起来,实行市区一体、城乡一体、中长规划与当前开发一体,剔除农村区域内产业园区、生态产业园区已拆或即将拆除的村组,调整增加城区3个街道的居民户厕,做到应改尽改、宜改则改，防止先建后拆、浪费资源。在全面摸底调查基础上，精准确定全区7个乡镇街道、79个村、514个小组、28 123户列入改厕范围。全区实行统一规划设计、统一建设标准、统一厕所标识、统一定标补助、统一管理运营。

按照规划，全区厕所革命概算投资需要3.6亿元，投入压力较大。为此，黄州区充分运用市场机制，以政府的基础性投入撬动社会资本投入，破解工程筹资难题。

在财政投入方面，挤出1.5亿元资金，通过"以奖代补"支撑公厕建设、户厕改造和管网终端运营维护。按照乡镇公厕每座17.8万元、村级公厕每座8.7万元、组级公厕每座6.43万元的标准，对规划内的12座乡镇公厕、388座村组公厕实行兜底建设。在湖北省级每户补助400元（精准扶贫户500元）的基础上，区级财政每户再补600元，助力农民户厕改造。对已建成的乡、村公厕，由区级财政按每座每年3 000元的标准统筹安排管护费，由所在乡、村负责水电费、清运费。

在农民自筹方面，通过广泛宣传发动，极大地调动农民群众投工投劳积极性，一些农民自主新建、改建户厕，并按照标准建设化粪池，维护好厕改区域卫生。据不完全统计，全区农民累计投工7万余个、个人投入近1 000万元。

在公共厕所管理方面，实行"区级主导、乡镇主体、村级协助"综合管理机制，由区、乡、村三级共建共管，实现"有制度、有标准、有队伍、有经费、有督查"的"五有"目标，防止农村公厕成为新的"脏乱差"，确保管护有序，长久发挥效益。

"我们以乡镇为单位，由乡镇政府选聘服务能力强的保洁公司统一集中管理农村公共厕所，实行定人（每人管护不超过8座公厕）、定责、定酬、定考核的'四定'责任制度。区爱卫办负责全区乡镇农村公厕管理，实行季度考核与厕所管理奖补资金相挂钩。乡镇卫生院负责农村公厕日常的监管工作。"黄州区人大常委会副主任孙道军说。

  针对农村污水管理，引入了浙江双良商达公司到黄州进行农村公厕、污水管网和污水处理终端项目建设。按合同要求，该公司将在黄州组建"农村污水治理运维中心"，负责农村户厕及污水管网收集、智能化处理，做好厕所改造、粪污无害化和污水处理的"后半篇文章"。

附 录

附录1 《农业农村污染治理攻坚战行动计划》
（环土壤〔2018〕143号）

治理农业农村污染，是实施乡村振兴战略的重要任务，事关全面建成小康社会，事关农村生态文明建设。为深入贯彻全国生态环境保护大会和中央财经委员会第一次会议精神，加快解决农业农村突出环境问题，打好农业农村污染治理攻坚战，制定本行动计划。

一、总体要求

（一）指导思想

深入贯彻习近平新时代中国特色社会主义思想，深入贯彻党的十九大和十九届二中、三中全会精神，认真落实党中央、国务院决策部署，紧紧围绕统筹推进"五位一体"总体布局和协调推进"四个全面"战略布局，牢固树立和贯彻落实新发展理念，按照实施乡村振兴战略的总要求，强化污染治理、循环利用和生态保护，深入推进农村人居环境整治和农业投入品减量化、生产清洁化、废弃物资源化、产业模式生态化，深化体制机制改革，发挥好政府和市场两个作用，充分调动农民群众积极性、主动性，突出重点区域，动员各方力量，强化各项举措，补齐农业农村生态环境保护突出短板，进一步增强广大农民的获得感和幸福感，为全面建成小康社会打下坚实基础。

（二）基本原则

——保护优先、源头减量。编制实施国土空间规划，严格生态保护红线管控，统筹农村生产、生活和生态空间，优化种植和养殖生产布局、规模和结构,强化环境监管,推动农业绿色发展,从源头减少农业面源污染。

——问题导向、系统施治。坚持优先解决农民群众最关心最直接最现实的突出环境问题,重点开展农村饮用水水源保护、生活垃圾污水治理、养殖业和种植业污染防治。统筹实施污染治理、循环利用和脱贫攻坚,系统推进农业投入品减量化、生产清洁化、废弃物资源化、产业模式生态化。

——因地制宜、实事求是。根据环境质量、自然条件、经济水平和农民期盼,科学确定本地区整治目标任务,既尽力而为,又量力而行,集中力量解决突出环境问题。坚持从实际出发,采用适用的治理技术和模式,注重实效,不搞一刀切,不搞形式主义。

——落实责任、形成合力。强化地方责任,明确省负总责、市县落实。充分发挥市场主体作用,调动村委会等基层组织和农民的积极性,切实加强统筹协调,加大投入力度,强化监督考核,建立上下联动、部门协作、责权清晰、监管有效的工作推进机制。

(三)行动目标

通过三年攻坚,乡村绿色发展加快推进,农村生态环境明显好转,农业农村污染治理工作体制机制基本形成,农业农村环境监管明显加强,农村居民参与农业农村环境保护的积极性和主动性显著增强。到2020年,实现"一保两治三减四提升":"一保",即保护农村饮用水水源,农村饮水安全更有保障;"两治",即治理农村生活垃圾和污水,实现村庄环境干净整洁有序;"三减",即减少化肥、农药使用量和农业用水总量;"四提升",即提升主要由农业面源污染造成的超标水体水质、农业废弃物综合利用率、环境监管能力和农村居民参与度。

二、主要任务

（一）加强农村饮用水水源保护

加快农村饮用水水源调查评估和保护区划定。县级及以上地方人民政府要结合当地实际情况，组织有关部门开展农村饮用水水源环境状况调查评估和保护区的划定，2020年底前完成供水人口在10 000人或日供水1 000吨以上的饮用水水源调查评估和保护区划定工作。农村饮用水水源保护区的边界要设立地理界标、警示标志或宣传牌。将饮用水水源保护要求和村民应承担的保护责任纳入村规民约（生态环境部牵头，地方各级人民政府负责落实。以下均需地方各级人民政府落实，不再列出）。

加强农村饮用水水质监测。县级及以上地方人民政府组织相关部门监测和评估本行政区域内饮用水水源、供水单位供水、用户水龙头出水的水质等饮用水安全状况。实施从源头到水龙头的全过程控制，落实水源保护、工程建设、水质监测检测"三同时"制度。供水人口在10 000人或日供水1 000吨以上的饮用水水源每季度监测一次。各地按照国家相关标准，结合本地水质本底状况确定监测项目并组织实施。县级及以上地方人民政府有关部门，应当向社会公开饮用水安全状况信息（生态环境部、卫生健康委、水利部、住房城乡建设部按职责分工负责）。

开展农村饮用水水源环境风险排查整治。以供水人口在10 000人或日供水1 000吨以上的饮用水水源保护区为重点，对可能影响农村饮用水水源环境安全的化工、造纸、冶炼、制药等风险源和生活污水垃圾、畜禽养殖等风险源进行排查。对水质不达标的水源，采取水源更换、集中供水、污染治理等措施，确保农村饮水安全（生态环境部牵头，农业农村部、水利部、住房城乡建设部参与）。

（二）加快推进农村生活垃圾污水治理

加大农村生活垃圾治理力度。统筹考虑生活垃圾和农业废弃物利用、处理，建立健全符合农村实际、方式多样的生活垃圾收运处置体系。有条件的地区，开展农村生活垃圾分类减量化试点，推行垃圾就地分类和资源化利用。到2020年，东部地区、中西部城市近郊区等有基础、有条件的地区，基本实现农村生活垃圾处置体系全覆盖；中西部有较好基础、基本具备条件的地区，力争实现90%左右的村庄生活垃圾得到治理。基本完成非正规垃圾堆放点排查整治，实施整治全流程监管，严厉查处在农村地区随意倾倒、堆放垃圾行为。2019年底前，要完成县级及以上集中式饮用水水源保护区及群众反映强烈的非正规垃圾堆放点整治（农业农村部牵头，住房城乡建设部、水利部、生态环境部按职责分工负责）。

梯次推进农村生活污水治理。各省（区、市）要区分排水方式、排放去向等，加快制修订农村生活污水处理排放标准，筛选农村生活污水治理实用技术和设施设备，采用适合本地区的污水治理技术和模式。以县级行政区域为单位，实行农村生活污水处理统一规划、统一建设、统一管理，优先整治南水北调东线中线水源地及其输水沿线、京津冀、长江经济带、环渤海区域及水质需改善的控制单元范围内的村庄。到2020年，确保新增完成13万个建制村的环境综合整治任务。开展协同治理，推动城镇污水处理设施和服务向农村延伸，加强改厕与农村生活污水治理的有效衔接，将农村水环境治理纳入河长制、湖长制管理。到2020年，东部地区、中西部城市近郊区的农村生活污水治理率明显提高；中西部有较好基础、基本具备条件的地区，生活污水乱排乱放得到管控（农业农村部、住房城乡建设部、生态环境部、卫生健康委、水利部按职责分工负责）。

保障农村污染治理设施长效运行。地方各级人民政府应结合本地实际，制定管理办法，明确设施管理主体，建立资金保障机制，加强管护队伍建设，建立监督管理机制，保障已建成的农村生活垃圾污水处理设施正常运行。开展经常性的排查，对设施不能正常运行的，提出限期整改要求，逾期未整改到位的，应通报批评或约谈相关负责人。对新建污染治理设施，建设及运行维护资金没有保障的，不得安排资金和项目（农业农村部、发展改革委、财政部、住房城乡建设部、生态环境部按职责分工负责）。

（三）着力解决养殖业污染

推进养殖生产清洁化和产业模式生态化。优化调整畜禽养殖布局，推进畜禽养殖标准化示范创建升级，带动畜牧业绿色可持续发展。引导生猪生产向粮食主产区和环境容量大的地区转移。推广节水、节料等清洁养殖工艺和干清粪、微生物发酵等实用技术，实现源头减量。严格规范兽药、饲料添加剂的生产和使用，严厉打击生产企业违法违规使用兽用抗菌药物的行为。推进水产生态健康养殖，实施水产养殖池塘标准化改造（农业农村部牵头）。

加强畜禽粪污资源化利用。推进畜禽粪污资源化利用，实现生猪等畜牧大县整县畜禽粪污资源化利用。鼓励和引导第三方处理企业将养殖场户畜禽粪污进行专业化集中处理。加强畜禽粪污资源化利用技术集成，因地制宜推广粪污全量收集还田利用等技术模式。到 2020 年，全国畜禽粪污综合利用率达到 75% 以上（农业农村部牵头）。

严格畜禽规模养殖环境监管。将规模以上畜禽养殖场纳入重点污染源管理，对年出栏生猪 5 000 头（其他畜禽种类折合猪的养殖规模）以上和涉及环境敏感区的畜禽养殖场（小区）执行环评报告书制度，其他畜禽规模养殖场执行环境影响登记表制度，对设有排污口的畜禽规模养殖场实施排污许可制度。将符合有关标准和要求的还田利用量作为统计污染物削减量的重要依据。推动畜禽养殖场配备视频监控设施，记录粪污处理、运输和资源化利用等情况，防止粪污偷运偷排。（生态环境部牵头，农业农村部参与）完善畜禽规模养殖场直联直报信息系统，构建统一管理、分级使用、共享直联的管理平台。南方水网地区要以水环境质量改善为导向，加快畜禽粪污资源化利用，着力提升畜禽粪污综合利用率和规模养殖场粪污处理设施装备配套率。到2019年，大型规模养殖场实现粪污处理设施装备全配套；到2020年，所有规模养殖场粪污处理设施装备配套率达到95%以上（农业农村部牵头，生态环境部参与）。

加强水产养殖污染防治和水生生态保护。优化水产养殖空间布局，依法科学划定禁止养殖区、限制养殖区和养殖区。推进水产生态健康养殖，积极发展大水面生态增养殖、工厂化循环水养殖、池塘工程化循环水养殖、连片池塘尾水集中处理模式等健康养殖方式，推进稻渔综合种养等生态循环农业。推动出台水产养殖尾水排放标准，加快推进养殖节水减排。发展不投饵滤食性、草食性鱼类增养殖，实现以渔控草、以渔抑藻、以渔净水。严控河流、近岸海域投饵网箱养殖。大力推进以长江为重点的水生生物保护行动，修复水生生态环境，加强水域环境监测（农业农村部、生态环境部牵头，自然资源部、水利部参与）。

（四）有效防控种植业污染

持续推进化肥、农药减量增效。深入推进测土配方施肥和农作物病虫害统防统治与全程绿色防控，提高农民科学施肥用药意识和技能，推动化肥、农药使用量实现负增长。集成推广化肥机械深施、种肥同播、水肥一体等绿色高效技术，应用生态调控、生物防治、理化诱控等绿色防控技术。制修订并严格执行化肥农药等农业投入品质量标准，严格控制高毒高风险农药使用，研发推广高效缓控释肥料、高效低毒低残留农药、生物肥料、生物农药等新型产品和先进施肥施药机械。加快培育社会化服务组织，开展统配统施、统防统治等服务。协同推进果菜茶有机肥替代化肥示范县和果菜茶病虫害全程绿色防控示范县建设，发挥种植大户、家庭农场、专业合作社等新型农业经营主体的示范作用，带动绿色高效技术更大范围应用。到2020年，全国主要农作物化肥农药使用量实现负增长，化肥、农药利用率均达到40%以上，测土配方施肥技术覆盖率达到90%以上，全国主要农作物绿色防控覆盖率达到30%以上、主要农作物病虫害专业化统防统治覆盖率达到40%以上，鄱阳湖和洞庭湖周边地区化肥、农药使用量比2015年减少10%以上（农业农村部牵头）。

加强秸秆、农膜废弃物资源化利用。切实加强秸秆禁烧管控，强化地方各级政府秸秆禁烧主体责任。重点区域建立网格化监管制度，在夏收和秋收阶段加大监管力度。东北地区要针对秋冬季秸秆集中焚烧问题，制定专项工作方案，加强科学有序疏导。严防因秸秆露天焚烧造成区域性重污染天气。坚持堵疏结合，加大政策支持力度，整县推进秸秆全量化综合利用，优先开展就地还田。在秸秆综合利用领域尽快取得一批突破性科研成果，加强示范推广。到2020年，全国秸秆综合利用率达到85%以上（生态环境部、农业农村部、发展改革委、财政部按职责分工负责）。在重点用膜地区，整县推进农膜回收利用，推广地膜减量增效技术，做好100个地膜回收利用示范县建设。加大新修订的地膜国家标准宣传贯彻力度，从源头保障地膜可回收性。完善废旧地膜等回收处理制度，试点"谁生产、谁回收"的地膜生产者责任延伸制度，实现地膜生产企业统一供膜、统一回收。加大研发力度，争取在降解地膜应用配套技术、高强度地膜替代产品、地膜回收机械、地膜综合利用技术等方面尽快取得一批突破性科研成果。到2020年，全国农膜回收率达到80%以上，河北、辽宁、山东、河南、甘肃、新疆等农膜使用量较高省份力争实现废弃农膜全面回收利用（农业农村部、发展改革委、财政部牵头，生态环境部参与）。

大力推进种植产业模式生态化。发展节水农业，实施"华北节水压采、西北节水增效、东北节水增粮、南方节水减排"战略，加强节水灌溉工程建设和节水改造，选育抗旱节水品种，发展旱作农业，推广水肥一体化等节水技术。在东北、西北、黄淮海等区域，推进规模化高效节水灌溉。到2020年，基本完成大型灌区、重点中型灌区续建配套和节水改造任务，农业灌溉用水量控制在3 720亿立方米以内，农田灌溉水有效利用系数达到0.55以上，有效减少农田退水对水体的污染。开展种植产业模式生态化试点，推进国家农业可持续发展试验示范区创建，大力发展绿色、有机农产品。推进一二三产业融合发展，发挥生态资源优势，发展休闲农业和乡村旅游（农业农村部、水利部牵头）。

实施耕地分类管理。在土壤污染状况详查的基础上，有序推进耕地土壤环境质量类别划定，2020年底前建立分类清单。根据土壤污染状况和农产品超标情况，安全利用类耕地集中的县（市、区）要结合当地主要作物品种和种植习惯，制定实施受污染耕地安全利用方案，采取农艺调控、替代种植等措施，降低农产品超标风险。加强对严格管控类耕地的用途管理，依法划定特定农产品禁止生产区域，严禁种植食用农产品；实施重度污染耕地种植结构调整或退耕还林还草（农业农村部牵头，生态环境部、自然资源部参与）。

开展涉镉等重金属重点行业企业排查整治。以耕地重金属污染问题突出区域和铅、锌、铜等有色金属采选及冶炼集中区域为重点，聚焦涉镉等重金属重点行业企业，开展排查整治行动，切断污染物进入农田的途径。对难以有效切断重金属污染途径，且土壤重金属污染严重、农产品重金属超标问题突出的耕地，要及时划入严格管控类，实施严格管控措施，降低农产品镉等重金属超标风险（生态环境部、农业农村部牵头，财政部参与）。

（五）提升农业农村环境监管能力

严守生态保护红线。明确和落实生态保护红线管控要求，以县为单位，针对农业资源与生态环境突出问题，建立农业产业准入负面清单，因地制宜制定禁止和限制发展产业目录，明确种植业、养殖业发展方向和开发强度，强化准入管理和底线约束。生态保护红线内禁止城镇化和工业化活动，生态保护红线内现存的耕地不得擅自扩大规模。在长江干流、主要支流及重要湖泊、重要河口、重要海湾的敏感区域内,严禁以任何形式围垦河湖海洋、违法占用河湖水域和海域,严格管控沿河环湖沿海农业面源污染(生态环境部、自然资源部、水利部、农业农村部按职责分工负责)。

强化农业农村生态环境监管执法。创新监管手段,运用卫星遥感、大数据、APP 等技术装备,充分利用乡村治安网格化管理平台,及时发现农业农村环境问题。鼓励公众监督,对农村地区生态破坏和环境污染事件进行举报。结合第二次全国污染源普查和相关部门已开展的污染源调查统计工作,建立农业农村生态环境管理信息平台。构建农业农村生态环境监测体系,结合现有环境监测网络和农村环境质量试点监测工作,加强对农村集中式饮用水水源、日处理能力 20 吨及以上的农村生活污水处理设施出水和畜禽规模养殖场排污口的水质监测。纳入国家重点生态功能区中央转移支付支持范围的县域,应设置或增加农村环境质量监测点位,其他有条件的地区可适当设置或增加农村环境质量监测点位。结合省以下生态环境机构监测监察执法垂直管理制度改革,加强农村生态环境保护工作,建立重心下移、力量下沉、保障下倾的农业农村生态环境监管执法工作机制。落实乡镇生态环境保护职责,明确承担农业农村生态环境保护工作的机构和人员,确保责有人负、事有人干(生态环境部、农业农村部牵头,财政部、自然资源部、卫生健康委参与)。

通过畜禽规模养殖场直联直报信息系统,统计规模以上养殖场生产、设施改造和资源化利用情况。加强肥料、农药登记管理,建立健全肥料、农药使用调查和监测评价体系(农业农村部牵头、生态环境部参与)。

三、保障措施

(一)加强组织领导

完善中央统筹、省负总责、市县落实的工作推进机制。中央有关部门要密切协作配合，形成工作合力。农业农村部牵头负责农村生活垃圾污水治理、农业污染源头减量和废弃物资源化利用。生态环境部对农业农村污染治理实施统一监督指导，会同农业农村部、住房城乡建设部等有关部门加强污染治理信息共享、定期会商、督导评估，形成"一岗双责"、齐抓共管的工作格局。

省级人民政府对本地区农村生态环境质量负责，加快治理本地区农业农村突出环境问题，明确牵头责任部门、实施主体，提供组织和政策保障，做好监督考核。各省（区、市）要在摸清底数、总结经验的基础上，抓紧编制省级农业农村污染治理实施方案。省级实施方案要对照本行动计划提出的目标和任务，以县（市、区）为单位，从实际出发，重点对主要由农业面源污染造成水质超标的水体控制单元等环境问题突出区域的具体目标和主要任务作出规划。各省（区、市）要在2018年年底前完成实施方案编制工作，并报生态环境部、农业农村部、住房城乡建设部备核。市级要做好上下衔接、域内协调和督促检查工作。强化县级主体责任，做好项目落地、资金使用、推进实施等工作，对实施效果负责。乡镇要做好具体组织实施工作。强化农村基层党组织领导核心地位，引导农村党员发挥先锋模范作用，带领村民参与农业农村污染治理。

（二）完善经济政策

深入推进农业水价综合改革，全面实行超定额用水累进加价，并同步建立精准补贴机制。2020年底前，北京、上海、江苏、浙江等省份，农田水利工程设施完善的缺水和地下水超采地区，以及新增高效节水灌溉项目区、国家现代农业产业园要率先完成改革任务。鼓励有条件的地区探索建立污水垃圾处理农户缴费制度，综合考虑污染防治形势、经济社会承受能力、农村居民意愿等因素，合理确定缴费水平和标准。研究建立农民施用有机肥市场激励机制，支持农户和新型农业经营主体使用有机肥、配方肥、高效缓控释肥料。研究制定有机肥厂、规模化大型沼气工程、第三方处理机构等畜禽粪污处理主体用地用电优惠政策，保障用地需求，按设施农业用地进行管理，享受农业用电价格。鼓励各地出台有机肥生产、运输等扶持政策，结合实际统筹加大秸秆还田等补贴力度。推进秸秆和畜禽粪污发电并网运行、电量全额保障性收购以及生物天然气并网。落实畜禽规模养殖场粪污资源化利用和秸秆等农业废弃物资源化利用电价优惠政策。

（三）加强村民自治

强化村委会在农业农村环境保护工作中协助推进垃圾污水治理和农业面源污染防治的责任。各地各部门要广泛开展农业农村污染治理宣传和教育，宣讲政策要求，开展技术帮扶。将农业农村环境保护纳入村规民约，建立农民参与生活垃圾分类、农业废弃物资源化利用的直接受益机制。引导农民保护自然环境，科学使用农药、肥料、农膜等农业投入品，合理处置畜禽粪污等农业废弃物。充分依托农业基层技术服务队伍，提供农业农村污染治理技术咨询和指导，推广绿色生产方式。开展卫生家庭等评选活动，举办"小手拉大手"等中小学生科普教育活动，推广绿色生活方式。形成家家参与、户户关心农村生态环境保护的良好氛围。

（四）培育市场主体

培育各种形式的农业农村环境治理市场主体，采取城乡统筹、整县打包、建运一体等多种方式，吸引第三方治理企业、农民专业合作社等参与农村生活垃圾、污水治理和农业面源污染治理。落实和完善融资贷款扶持政策，鼓励融资担保机构按照市场化原则积极向符合支持范围的农业农村环境治理企业项目提供融资担保服务。推动建立农村有机废弃物收集、转化、利用网络体系，探索建立规模化、专业化、社会化运营管理机制。

（五）加大投入力度

建立地方为主、中央适当补助的政府投入体系。地方各级政府要统筹整合环保、城乡建设、农业农村等资金，加大投入力度，建立稳定的农业农村污染治理经费渠道。深化"以奖促治"政策，合理保障农村环境整治资金投入，并向贫困落后地区适当倾斜，让农村贫困人口在参与农业农村污染治理攻坚战中受益。支持地方政府依法合规发行政府债券筹集资金，用于农业农村污染治理。采取以奖代补、先建后补、以工代赈等多种方式，充分发挥政府投资撬动作用，提高资金使用效率。

（六）强化监督工作

各省（区、市）要以本地区实施方案为依据，制定验收标准和办法，以县为单位进行验收。将农业农村污染治理工作纳入本省（区、市）污染防治攻坚战的考核范围，作为本省（区、市）党委和政府目标责任考核、市县干部政绩考核的重要内容。将农业农村污染治理突出问题纳入中央生态环保督察范畴，对污染问题严重、治理工作推进不力的地区进行严肃问责。

附录2 《农村人居环境整治三年行动方案》

[中共中央办公厅、国务院办公厅 (2018-2-5)]

改善农村人居环境,建设美丽宜居乡村,是实施乡村振兴战略的一项重要任务,事关全面建成小康社会,事关广大农民根本福祉,事关农村社会文明和谐。近年来,各地区各部门认真贯彻党中央、国务院决策部署,把改善农村人居环境作为社会主义新农村建设的重要内容,大力推进农村基础设施建设和城乡基本公共服务均等化,农村人居环境建设取得显著成效。同时,我国农村人居环境状况很不平衡,脏乱差问题在一些地区还比较突出,与全面建成小康社会要求和农民群众期盼还有较大差距,仍然是经济社会发展的突出短板。为加快推进农村人居环境整治,进一步提升农村人居环境水平,制定本方案。

一、总体要求

(一)指导思想

全面贯彻党的十九大精神,以习近平新时代中国特色社会主义思想为指导,紧紧围绕统筹推进"五位一体"总体布局和协调推进"四个全面"战略布局,牢固树立和贯彻落实新发展理念,实施乡村振兴战略,坚持农业农村优先发展,坚持绿水青山就是金山银山,顺应广大农民过上美好生活的期待,统筹城乡发展,统筹生产生活生态,以建设美丽宜居村庄为导向,以农村垃圾、污水治理和村容村貌提升为主攻方向,动员各方力量,整合各种资源,强化各项举措,加快补齐农村人居环境突出短板,为如期实现全面建成小康社会目标打下坚实基础。

(二)基本原则

——因地制宜、分类指导。根据地理、民俗、经济水平和农民期盼,科学确定本地区整治目标任务,既尽力而为又量力而行,集中力量解决突出问题,做到干净整洁有序。有条件的地区可进一步提升人居环境质量,条件不具备的地区可按照实施乡村振兴战略的总体部署持续推进,不搞一刀切。确定实施易地搬迁的村庄、拟调整的空心村等可不列入整治范围。

——示范先行、有序推进。学习借鉴浙江等先行地区经验,坚持先易后难、先点后面,通过试点示范不断探索、不断积累经验,带动整体提升。加强规划引导,合理安排整治任务和建设时序,采用适合本地实际的工作路径和技术模式,防止一哄而上和生搬硬套,杜绝形象工程、政绩工程。

——注重保护、留住乡愁。统筹兼顾农村田园风貌保护和环境整治,注重乡土味道,强化地域文化元素符号,综合提升田水路林村风貌,慎砍树、禁挖山、不填湖、少拆房,保护乡情美景,促进人与自然和谐共生、村庄形态与自然环境相得益彰。

——村民主体、激发动力。尊重村民意愿,根据村民需求合理确定整治优先序和标准。建立政府、村集体、村民等各方共谋、共建、共管、共评、共享机制,动员村民投身美丽家园建设,保障村民决策权、参与权、监督权。发挥村规民约作用,强化村民环境卫生意识,提升村民参与人居环境整治的自觉性、积极性、主动性。

——建管并重、长效运行。坚持先建机制、后建工程,合理确定投融资模式和运行管护方式,推进投融资体制机制和建设管护机制创新,探索规模化、专业化、社会化运营机制,确保各类设施建成并长期稳定运行。

——落实责任、形成合力。强化地方党委和政府责任,明确省负总责、县抓落实,切实加强统筹协调,加大地方投入力度,强化监督考核激励,建立上下联动、部门协作、高效有力的工作推进机制。

(三) 行动目标

到 2020 年,实现农村人居环境明显改善,村庄环境基本干净整洁有序,村民环境与健康意识普遍增强。

东部地区、中西部城市近郊区等有基础、有条件的地区,人居环境质量全面提升,基本实现农村生活垃圾处置体系全覆盖,基本完成农村户用厕所无害化改造,厕所粪污基本得到处理或资源化利用,农村生活污水治理率明显提高,村容村貌显著提升,管护长效机制初步建立。

中西部有较好基础、基本具备条件的地区,人居环境质量较大提升,力争实现 90% 左右的村庄生活垃圾得到治理,卫生厕所普及率达到 85% 左右,生活污水乱排乱放得到管控,村内道路通行条件明显改善。

地处偏远、经济欠发达等地区,在优先保障农民基本生活条件基础上,实现人居环境干净整洁的基本要求。

二、重点任务

(一) 推进农村生活垃圾治理

统筹考虑生活垃圾和农业生产废弃物利用、处理,建立健全符合农村实际、方式多样的生活垃圾收运处置体系。有条件的地区要推行适合农村特点的垃圾就地分类和资源化利用方式。开展非正规垃圾堆放点排查整治,重点整治垃圾山、垃圾围村、垃圾围坝、工业污染"上山下乡"。

(二) 开展厕所粪污治理

合理选择改厕模式,推进厕所革命。东部地区、中西部城市近郊区以及其他环境容量较小地区村庄,加快推进户用卫生厕所建设和改造,同步实施厕所粪污治理。其他地区要按照群众接受、经济适用、维护方便、不污染公共水体的要求,普及不同水平的卫生厕所。引导农村新建住房配套建设无害化卫生厕所,人口规模较大村庄配套建设公共厕所。加强改厕与农村生活污水治理的有效衔接。鼓励各地结合实际，将厕所粪污、畜禽养殖废弃物一并处理并资源化利用。

（三）梯次推进农村生活污水治理

根据农村不同区位条件、村庄人口聚集程度、污水产生规模，因地制宜采用污染治理与资源利用相结合、工程措施与生态措施相结合、集中与分散相结合的建设模式和处理工艺。推动城镇污水管网向周边村庄延伸覆盖。积极推广低成本、低能耗、易维护、高效率的污水处理技术，鼓励采用生态处理工艺。加强生活污水源头减量和尾水回收利用。以房前屋后河塘沟渠为重点实施清淤疏浚，采取综合措施恢复水生态，逐步消除农村黑臭水体。将农村水环境治理纳入河长制、湖长制管理。

（四）提升村容村貌

加快推进通村组道路、入户道路建设，基本解决村内道路泥泞、村民出行不便等问题。充分利用本地资源，因地制宜选择路面材料。整治公共空间和庭院环境，消除私搭乱建、乱堆乱放。大力提升农村建筑风貌，突出乡土特色和地域民族特点。加大传统村落民居和历史文化名村名镇保护力度，弘扬传统农耕文化，提升田园风光品质。推进村庄绿化，充分利用闲置土地组织开展植树造林、湿地恢复等活动，建设绿色生态村庄。完善村庄公共照明设施。深入开展城乡环境卫生整洁行动，推进卫生县城、卫生乡镇等卫生创建工作。

（五）加强村庄规划管理

全面完成县域乡村建设规划编制或修编，与县乡土地利用总体规划、土地整治规划、村土地利用规划、农村社区建设规划等充分衔接，鼓励推行多规合一。推进实用性村庄规划编制实施，做到农房建设有规划管理、行政村有村庄整治安排、生产生活空间合理分离，优化村庄功能布局，实现村庄规划管理基本覆盖。推行政府组织领导、村委会发挥主体作用、技术单位指导的村庄规划编制机制。村庄规划的主要内容应纳入村规民约。加强乡村建设规划许可管理，建立健全违法用地和建设查处机制。

（六）完善建设和管护机制

明确地方党委和政府以及有关部门、运行管理单位责任，基本建立有制度、有标准、有队伍、有经费、有督查的村庄人居环境管护长效机制。鼓励专业化、市场化建设和运行管护，有条件的地区推行城乡垃圾污水处理统一规划、统一建设、统一运行、统一管理。推行环境治理依效付费制度，健全服务绩效评价考核机制。鼓励有条件的地区探索建立垃圾污水处理农户付费制度，完善财政补贴和农户付费合理分担机制。支持村级组织和农村"工匠"带头人等承接村内环境整治、村内道路、植树造林等小型涉农工程项目。组织开展专业化培训，把当地村民培养成为村内公益性基础设施运行维护的重要力量。简化农村人居环境整治建设项目审批和招投标程序，降低建设成本，确保工程质量。

三、发挥村民主体作用

（一）发挥基层组织作用

发挥好基层党组织核心作用，强化党员意识、标杆意识，带领农民群众推进移风易俗、改进生活方式、提高生活质量。健全村民自治机制，充分运用"一事一议"民主决策机制，完善农村人居环境整治项目公示制度，保障村民权益。鼓励农村集体经济组织通过依法盘活集体经营性建设用地、空闲农房及宅基地等途径，多渠道筹措资金用于农村人居环境整治，营造清洁有序、健康宜居的生产生活环境。

（二）建立完善村规民约

将农村环境卫生、古树名木保护等要求纳入村规民约，通过群众评议等方式褒扬乡村新风，鼓励成立农村环保合作社，深化农民自我教育、自我管理。明确农民维护公共环境责任，庭院内部、房前屋后环境整治由农户自己负责；村内公共空间整治以村民自治组织或村集体经济组织为主，主要由农民投工投劳解决，鼓励农民和村集体经济组织全程参与农村环境整治规划、建设、运营、管理。

（三）提高农村文明健康意识

把培育文明健康生活方式作为培育和践行社会主义核心价值观、开展农村精神文明建设的重要内容。发挥爱国卫生运动委员会等组织作用，鼓励群众讲卫生、树新风、除陋习，摒弃乱扔、乱吐、乱贴等不文明行为。提高群众文明卫生意识，营造和谐、文明的社会新风尚，使优美的生活环境、文明的生活方式成为农民内在自觉要求。

四、强化政策支持

（一）加大政府投入

建立地方为主、中央补助的政府投入体系。地方各级政府要统筹整合相关渠道资金，加大投入力度，合理保障农村人居环境基础设施建设和运行资金。中央财政要加大投入力度。支持地方政府依法合规发行政府债券筹集资金，用于农村人居环境整治。城乡建设用地增减挂钩所获土地增值收益，按相关规定用于支持农业农村发展和改善农民生活条件。村庄整治增加耕地获得的占补平衡指标收益，通过支出预算统筹安排支持当地农村人居环境整治。创新政府支持方式，采取以奖代补、先建后补、以工代赈等多种方式，充分发挥政府投资撬动作用，提高资金使用效率。

（二）加大金融支持力度

通过发放抵押补充贷款等方式，引导国家开发银行、中国农业发展银行等金融机构依法合规提供信贷支持。鼓励中国农业银行、中国邮政储蓄银行等商业银行扩大贷款投放，支持农村人居环境整治。支持收益较好、实行市场化运作的农村基础设施重点项目开展股权和债权融资。积极利用国际金融组织和外国政府贷款建设农村人居环境设施。

（三）调动社会力量积极参与

鼓励各类企业积极参与农村人居环境整治项目。规范推广政府和社会资本合作（PPP）模式，通过特许经营等方式吸引社会资本参与农村垃圾污水处理项目。引导有条件的地区将农村环境基础设施建设与特色产业、休闲农业、乡村旅游等有机结合，实现农村产业融合发展与人居环境改善互促互进。引导相关部门、社会组织、个人通过捐资捐物、结对帮扶等形式，支持农村人居环境设施建设和运行管护。倡导新乡贤文化，以乡情乡愁为纽带吸引和凝聚各方人士支持农村人居环境整治。

（四）强化技术和人才支撑

组织高等学校、科研单位、企业开展农村人居环境整治关键技术、工艺和装备研发。分类分级制定农村生活垃圾污水处理设施建设和运行维护技术指南，编制村容村貌提升技术导则，开展典型设计，优化技术方案。加强农村人居环境项目建设和运行管理人员技术培训，加快培养乡村规划设计、项目建设运行等方面的技术和管理人才。选派规划设计等专业技术人员驻村指导，组织开展企业与县、乡、村对接农村环保实用技术和装备需求。

五、扎实有序推进

（一）编制实施方案

各省（自治区、直辖市）要在摸清底数、总结经验的基础上，抓紧编制或修订省级农村人居环境整治实施方案。省级实施方案要明确本地区目标任务、责任部门、资金筹措方案、农民群众参与机制、考核验收标准和办法等内容。特别是要对照本行动方案提出的目标和六大重点任务，以县（市、区、旗）为单位，从实际出发，对具体目标和重点任务作出规划。扎实开展整治行动前期准备，做好引导群众、建立机制、筹措资金等工作。各省（自治区、直辖市）原则上要在 2018 年 3 月底前完成实施方案编制或修订工作，并报住房城乡建设部、环境保护部、国家发展改革委备核。中央有关部门要加强对实施方案编制工作的指导，并将实施方案中的工作目标、建设任务、体制机制创新等作为督导评估和安排中央投资的重要依据。

（二）开展典型示范

各地区要借鉴浙江"千村示范万村整治"等经验做法，结合本地实践深入开展试点示范，总结并提炼出一系列符合当地实际的环境整治技术、方法，以及能复制、易推广的建设和运行管护机制。中央有关部门要切实加强工作指导，引导各地建设改善农村人居环境示范村，建成一批农村生活垃圾分类和资源化利用示范县（市、区、旗）、农村生活污水治理示范县（市、区、旗），加强经验总结交流，推动整体提升。

（三）稳步推进整治任务

根据典型示范地区整治进展情况，集中推广成熟做法、技术路线和建管模式。中央有关部门要适时开展检查、评估和督导，确保整治工作健康有序推进。在方法技术可行、体制机制完善的基础上，有条件的地区可根据财力和工作实际，扩展治理领域，加快整治进度，提升治理水平。

六、保障措施

（一）加强组织领导

完善中央部署、省负总责、县抓落实的工作推进机制。中央有关部门要根据本方案要求，出台配套支持政策，密切协作配合，形成工作合力。省级党委和政府对本地区农村人居环境整治工作负总责，要明确牵头责任部门、实施主体，提供组织和政策保障，做好监督考核。要强化县级党委和政府主体责任，做好项目落地、资金使用、推进实施等工作，对实施效果负责。市地级党委和政府要做好上下衔接、域内协调和督促检查等工作。乡镇党委和政府要做好具体组织实施工作。各地在推进易地扶贫搬迁、农村危房改造等相关项目时，要将农村人居环境整治统筹考虑、同步推进。

（二）加强考核验收督导

各省（自治区、直辖市）要以本地区实施方案为依据，制定考核验收标准和办法，以县为单位进行检查验收。将农村人居环境整治工作纳入本省（自治区、直辖市）政府目标责任考核范围，作为相关市县干部政绩考核的重要内容。住房城乡建设部要会同有关部门，根据省级实施方案及明确的目标任务，定期组织督导评估，评估结果向党中央、国务院报告，通报省级政府，并以适当形式向社会公布。将农村人居环境作为中央环保督察的重要内容。强化激励机制，评估督察结果要与中央支持政策直接挂钩。

（三）健全治理标准和法治保障

健全农村生活垃圾污水治理技术、施工建设、运行维护等标准规范。各地区要区分排水方式、排放去向等，分类制定农村生活污水治理排放标准。研究推进农村人居环境建设立法工作，明确农村人居环境改善基本要求、政府责任和村民义务。鼓励各地区结合实际，制定农村垃圾治理条例、乡村清洁条例等地方性法规规章和规范性文件。

（四）营造良好氛围

组织开展农村美丽庭院评选、环境卫生光荣榜等活动，增强农民保护人居环境的荣誉感。充分利用报刊、广播、电视等新闻媒体和网络新媒体，广泛宣传推广各地好典型、好经验、好做法，努力营造全社会关心支持农村人居环境整治的良好氛围。

主要参考文献

本书编写组. 乡村振兴战略辅导读本 [M]. 北京：中国农业出版社, 2018.

陈昕. 2013. 农村环境综合整治指导手册 [M]. 北京：中国环境出版社.

付翠莲. 2019. 乡村振兴战略背景下的农村发展与治理 [M]. 上海：上海交通大学出版社.

李勤. 2017. 生态理念下宜居住区营建规划 [M]. 北京：科学出版社.

张英民. 2014. 农村生活垃圾处理与资源化管理 [M]. 北京：中国建筑工业出版社.

赵由才, 牛冬杰, 柴晓利. 2007. 固体废物处理与资源化 [M]. 北京：化学工业出版社.